بسم الله الرحمن الرحيم
الله
رسول
محمد

Publié en juillet 2015

EDITIONS ARASTIRMA
Kayışdağı Mah. Değirmen sokak No: 3
Ataşehir - Istanbul / Turquie
Tél : (+90 216) 660 00 591

Imprimé en Turquie
Express Basımevi
Deposite Iş Merkezi A6 Blok No: 309 Ikitelli OSB
Küçükçekmece - Istanbul / Turquie
Tél : (+90 212) 671 61 51

www.harunyahya.fr - http://fr.a9.com.tr - http://fr.harunyahya.tv
contact@harunyahya.fr

ADNAN OKTAR (HARUN YAHYA)

COMMENT LES FOSSILES ONT RENVERSE L'EVOLUTION :

des centaines de millions de preuves réfutent le darwinisme

A PROPOS DE L'AUTEUR ET DE SES ŒUVRES

Adnan Oktar, qui écrit sous le pseudonyme Harun Yahya, est né à Ankara en 1956. Après avoir terminé ses études primaires et secondaire à Ankara, il a effectué des études des beaux-arts à l'Université Mima Sinan d'Istanbul, et de philosophie à l'Université d'Istanbul. Depuis le années 80, il a publié de nombreux ouvrages sur des sujets politique scientifiques et liés à la foi. Harun Yahya est célèbre en tant qu'auteu des ouvrages importants qui révèlent l'imposture des évolutionniste leurs assertions invalides et les liens occultes qui existent entre le darwinisme et les idéologies sanglantes telles que le fascisme et le communisme.

Les travaux de Harun Yahya, traduits en 73 langues différente constituent une collection de 55.000 pages avec 40.000 illustrations.

Son pseudonyme est constitué des noms "Harun" (Aaron) et "Yahya (Jean), en mémoire de ces deux prophètes estimés qui ont tous deux lutt contre le manque de foi de leurs peuples. Le sceau du Prophèt Mohammed (pbsl) qui figure sur la couverture des livres de l'auteur revêt un caractère symbolique lié à leur contenu. Ce sceau signifie que l Coran est le dernier Livre de Dieu, Son ultime parole, et que notre Prophèt (pbsl) est le dernier maillon de la chaîne prophétique. En se référant a Coran et à la Sounna (les enseignements du Prophète Mohammed), l'auteur s'est fixé comme objectif d'anéantir les arguments des tenants de idéologies athées et d'avoir le "dernier mot", pour réduire au silence le objections soulevées contre la religion. Le Prophète (pbsl) a atteint le plus hauts niveaux de la sagesse et de la perfection morale, c'est pour quoi son sceau est utilisé comme un signe de l'intention de l'auteu pour offrir le dernier mot.

Tous les travaux de l'auteur sont centrés sur un seul objectif : communiquer aux autres le message du Coran, les inciter à réfléchir à de questions fondemanteles liées à la foi, telles que l'existence d Dieu, Son unicité et l'au-delà, et exposer les fondements trompeurs et les idéologies perverties des systèmes irréligieux

L'œuvre de Harun Yahya est connue à travers de nombreux pays, tels que l'Inde, les Etats-Unis, la Grande Bretagne, l'Indonésie, la Pologne, la Bosnie, l'Espagne, l Brésil, la Malaisie, l'Italie, la France, la Bulgarie et l Russie. Certains de ses livres sont disponibles dans le langues suivantes : l'anglais, le français, l'allemand, l'espagnol, l'italien, le portugais, l'urdu, l'arabe, l'albanais le chinois, le swahili, le haoussa, le dihevi, le russe, le serbo-croate (bosniaque), le polonais, le malais, l'ouïgour turc, l'indonésien, le bengali, le danois et le suédois, et des lecteurs du monde entier les apprécient.

Ces ouvrages ont permis à de nombreuses personnes d'attester de leur croyance en Dieu, et à d'autres d'approfondir leur foi. La sagesse et le style sincère et fluide de ces livres confèrent à ces derniers une touche distinctive qui ne peut manquer de frapper ceux qui les lisent ou qui simplement les consultent. Fermant la porte aux objections, ils sont caractérisés par l'efficacité de leurs propos, les résultats définitifs auxquels ils aboutissent et l'irréfutabilité de leurs arguments. Les explications fournies sont claires et ne laissent aucune place au doute, enrichissant le lecteur de données solides. Il est improbable que ceux qui lisent consciencieusement ces ouvrages continuent à soutenir les idéologies athées et la philosophie matérialiste ou toute autre pensée pervertie. Et même s'ils persistent dans leur négation, alors leur attachement à celle-ci ne sera plus que purement sentimental puisque ces livres réfutent les fondements même de telles idéologies. Tous les mouvements comptemporains hostiles à la foi se trouvent aujourd'hui idéologiquement vaincus, grâce à la série de livres écrits par Harun Yahya.

Il ne fait aucun doute que de tels résultats ne proviennent que de la sagesse et de la lucidité du Coran, et l'auteur ne tire aucune fierté personnelle de son travail ; il espère seulement être un support pour ceux qui cherchent à cheminer vers Dieu. De plus, il ne tire aucun bénéfice matériel de ses livres.

Il ne fait aucun doute, qu'ils permettent à leurs lecteurs d'ouvrir les "yeux du cœur" et par la même de devenir de meilleurs serviteurs de Dieu.

Par contre, encourager des livres qui créent la confusion dans l'esprit des gens, qui mènent au chaos idéologique et qui, manifestement, ne servent pas à ôter des cœurs le doute, s'avère être une grande perte de temps et d'énergie. Nous pensons que de nombreux ouvrages sont écrits dans le seul but de mettre en valeur la puissance littéraire de leurs auteurs, plutôt que de servir le noble objectif d'apporter aux lecteurs la connaissance et de les éloigner ainsi de l'égarement. Ceux qui douteraient de ceci se rendront vite compte que Harun Yahya ne cherche à travers ses livres qu'à subjuguer l'incoyance et à diffuser les valeurs morales du Coran. Le succès, l'impact et la sincérité de cet engagement sont évidents.

Il convient de garder à l'esprit un point essentiel. La raison des cruautés incessantes, des conflits et des souffrances vécues par la grande majorité des gens est la prédominance de l'idéologie de l'incroyance. Nous ne pourrons mettre fin à cette triste réalité qu'en bâtissant la défaite de l'incroyance et en sensibilisant le plus grand nombre aux merveilles de la création ainsi qu'à la morale coranique, pour que chacun puisse vivre en accord avec elle. En observant l'état actuel du monde qui ne cesse d'aspirer les gens dans la spirale de la violence, de la corruption et des conflits, il apparaît vital que ce service rendu à l'humanité le soit encore plus rapidement et efficacement. Sinon, il se pourrait bien que les dégâts causés soient irréversibles.

Dans cet effort, la série de livres de Harun Yahya a assumé ce rôle majeur. Si Dieu le veut, ces livres constitueront le moyen par lequel les hommes connaîtront, au 21ème siècle, la paix, la justice et le bonheur promis dans le Coran.

COMMENT LES FOSSILES ONT RENVERSE L'EVOLUTION :

des centaines de millions de preuves réfutent le darwinisme

ADNAN OKTAR (HARUN YAHYA)

A l'attention du lecteur

- La raison pour laquelle un chapitre supplémentaire est dédié à l'effondrement de la théorie de l'évolution est qu'elle constitue la base même de toutes les philosophies anti-spirituelles. Comme le darwinisme rejette l'idée de la création, et de ce fait l'existence de Dieu, il a été à l'origine, ces 140 dernières années, de l'abandon de la religion par beaucoup de gens ou d'en avoir entraîné beaucoup d'autres à en douter. De ce fait, il est un devoir très important de montrer que cette théorie est une tromperie. Certains de nos lecteurs n'auront peut-être l'occasion de ne lire qu'un seul de nos livres. Dans ce sens, nous estimons qu'il est important de consacrer un chapitre qui résume le sujet.
- Dans tous les livres de l'auteur, les questions liées à la foi sont expliquées à la lumière des versets coraniques et les gens sont invités à connaître la parole de Dieu et à vivre selon ses préceptes. Tous les sujets qui concernent les versets de Dieu sont expliqués de telle façon à ne laisser planer ni doute, ni questionnement dans l'esprit du lecteur. Par ailleurs, le style sincère, simple et fluide employé permet à chacun, quel que soit l'âge ou l'appartenance sociale, d'en comprendre facilement la lecture. Ces écrits efficaces et lucides permettent également leur lecture d'une seule traite. Même ceux qui rejettent vigoureusement la spiritualité resteront sensibles aux faits rapportés dans ces livres et ne peuvent réfuter la véracité de leur contenu.
- Ce livre et tous les autres travaux de l'auteur peuvent être lus individuellement ou être abordés lors de conversations en groupes. Les lecteurs qui désirent tirer le plus grand profit des livres trouveront le débat très utile dans le sens où ils seront en mesure de comparer leurs propres réflexions et expériences à celles des autres.
- Par ailleurs, ce sera un grand service rendu à la religion que de contribuer à faire connaître et faire lire ces livres, qui ne sont écrits que dans le seul but de plaire à Dieu. Tous les livres de l'auteur sont extrêmement convaincants. De ce fait, pour ceux qui souhaitent faire connaître la religion à d'autres personnes, une des méthodes les plus efficaces est de les encourager à les lire.
- Nous espérons que le lecteur jettera un coup d'oeil sur la présentation des autres livres à la fin de ce livre. Ses riches sources sur les questions liées à la foi sont très utiles et plaisantes à lire.
- Dans ces livres, vous ne trouverez pas, comme dans d'autres livres, les idées personnelles de l'auteur ou des explications fondées sur des sources douteuses. Vous ne trouverez pas non plus des attitudes qui sont irrespectueuses ou irrévérencieuses du fait des sujets sacrés qui sont abordés. Enfin, vous n'aurez pas à trouver également de comptes-rendus désespérés, pessimistes ou suscitant le doute qui peut affecter et troubler le cœur.

TABLE DES MATIERES

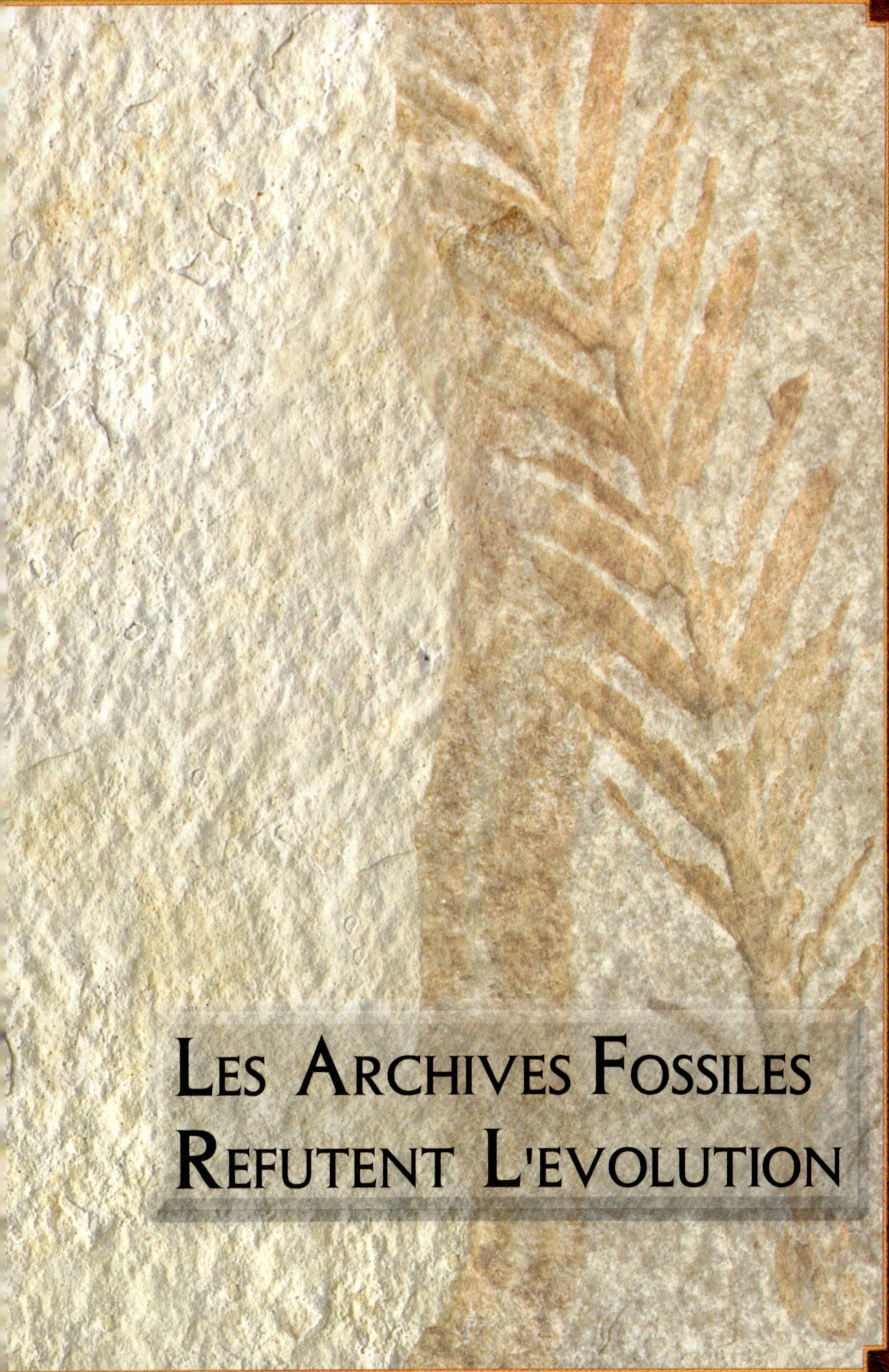

Les Archives Fossiles Refutent L'evolution

INTRODUCTION

Dans quasi toutes les écoles du monde, les manuels de biologie utilisés à des fins pédagogiques rapportent une histoire de la vie fausse. Les étudiants apprennent sous le titre de "la théorie de l'évolution", en réalité, des mécanismes totalement déficients, des preuves falsifiées, des illustrations et des croquis conjecturaux, des fossiles mal-interprétés et une histoire des êtres vivants fallacieuse.

Ce mythe, sujet de nombreux livres et de cours répétés un nombre indéfini de fois, est considéré si factuel que rares sont ceux qui expriment le moindre doute sur la véracité de l'évolution. Les étudiants

Les médias présentent constamment les fables imaginaires darwinistes sous un déguisement scientifique. Ces organes d'éditions ont même volontiers endossé la tâche de défendre la théorie de l'évolution. Cela les conduit à présenter des preuves falsifiées en faveur de l'évolution – qui est une théorie totalement dépourvue de valeur scientifique – comme des vérités irréfutables et à imposer l'évolution sur la conscience publique de façon inconditionnelle.

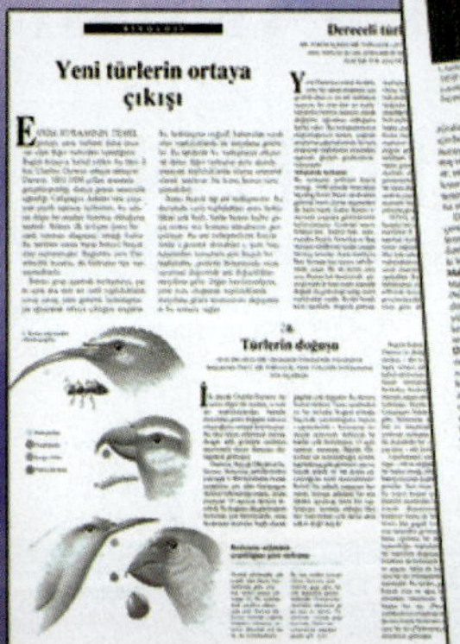

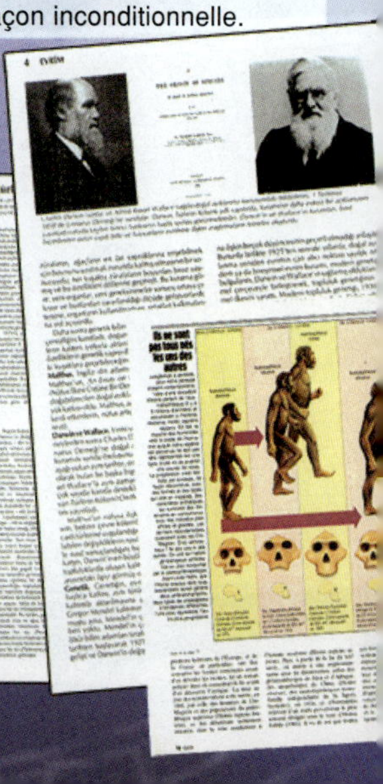

Darwinists try to support their theory with fictitious illustrations and reconstructions, but to date have been unable to come up with any scientific evidence. For example, they cannot point to even a single fossil specimen to confirm the claim that living things descended from one another by way of minute changes. This is proof of the way evolution has collapsed in the face of scientific facts.

s'imaginent tous avoir reçu une éducation fiable qui leur sera utile au cours de leur vie. Ils seraient étonnés d'apprendre qu'un mensonge sur un thème aussi important que le véritable sens de la vie leur a été enseigné sous couvert scientifique.

Le fait est qu'un effort déterminé est fait pour imposer ce mensonge au public et le répandre dans le monde entier. Ce mensonge est une in-

Ces titres produits dans le but de soutenir l'évolution n'ont pas de valeur scientifique. L'évolution a été infirmée par toutes les branches de la science, notamment par la paléontologie.

Il semble maintenant que nous ayons des liens de parenté avec les mouches.

Nos ancêtres étaient des microbes !

Le chaînon manquant de la théorie de l'évolution est achevé

Le fossile de crabe représenté remonte à l'époque du miocène (23 à 5 millions d'années) et est identique aux crabes de nos jours.

vention de toute pièce, enseigné dans les écoles. Des preuves fabriquées et des histoires erronées à propos de l'histoire de la vie sont véhiculées par la plupart des médias. Les experts en la matière, parfois même les gagnants des prix Nobel, épousent le mensonge en défendant cette tromperie. "L'histoire de la vie" enseignée par les instructeurs depuis tant d'années est un scénario falsifié – une alliance perpétuant à travers le monde la supercherie coordonnée de l'évolution.

Le fossile de cormoran de 18 millions d'années ci-dessus est la preuve que les cormorans sont restés identiques depuis des millions d'années. En d'autres termes,ils n'ont jamais subi l'évolution.

La force croissante de cette alliance et de son emprise sur les manuels scolaires et les médias s'explique par sa base matérialiste. Le darwinisme, nourri par la perspective matérialiste, qui domine actuellement le monde, se renforce et est mis en avant grâce à la même idéologie. Les matérialistes ont peu de scrupules à présenter des preuves falsifiées au public. L'objectif de cette politique étendue est évident : détourner les hommes de la foi en Dieu, de nier Son existence et de dépeindre la matière comme unique réalité absolue !

Un fossile d'oursin datant de quelques 300 millions d'années montre que ces créatures, dans toute la complexité de leur structure, existent depuis des centaines de millions d'années. A travers le temps, leur structure n'a subi aucun changement ni n'est passée par des étapes transitoires de transformations.

Les darwinistes continuent à ignorer que les êtres vivants ont été créés ! Il n'existe rien d'assimilable à l'évolution dans l'histoire de la vie. Dieu est le Créateur et le Seigneur de toutes choses. Il crée la matière et donne la vie à toutes les entités. Il n'y a pas d'autre Créateur en dehors de Dieu, et pas d'autre puissance en dehors de Lui. Par conséquent, seules des preuves de la création sur terre existent.

Les darwinistes se heurtent à ces preuves dans toutes les recherches qu'ils entreprennent pour tenter de prouver l'évolution. Leur tentative est un échec, car il n'y a pas de preuve que l'évolution a bien eu lieu. Ils se retrouvent constamment face à la création soudaine, complexe et sublime. Les preuves fausses ne soutiennent pas une théorie fausse. Au contraire, elles la rendent encore moins solide et moins fiable. Au nom de la survie du matérialisme, les darwinistes persistent toutefois dans leurs méthodes trompeuses, comme enfermés dans un cercle vicieux.

Mais tout ceci arrive enfin à son terme. Le concept a été détruit par de nombreuses preuves, notamment par les "fossiles vivants" dont le nombre augmente chaque jour. Une forme de vie restée identique pendant 150 millions d'années, ou qui n'a pas changé même au cours de 300 millions d'années, élimine définitive-

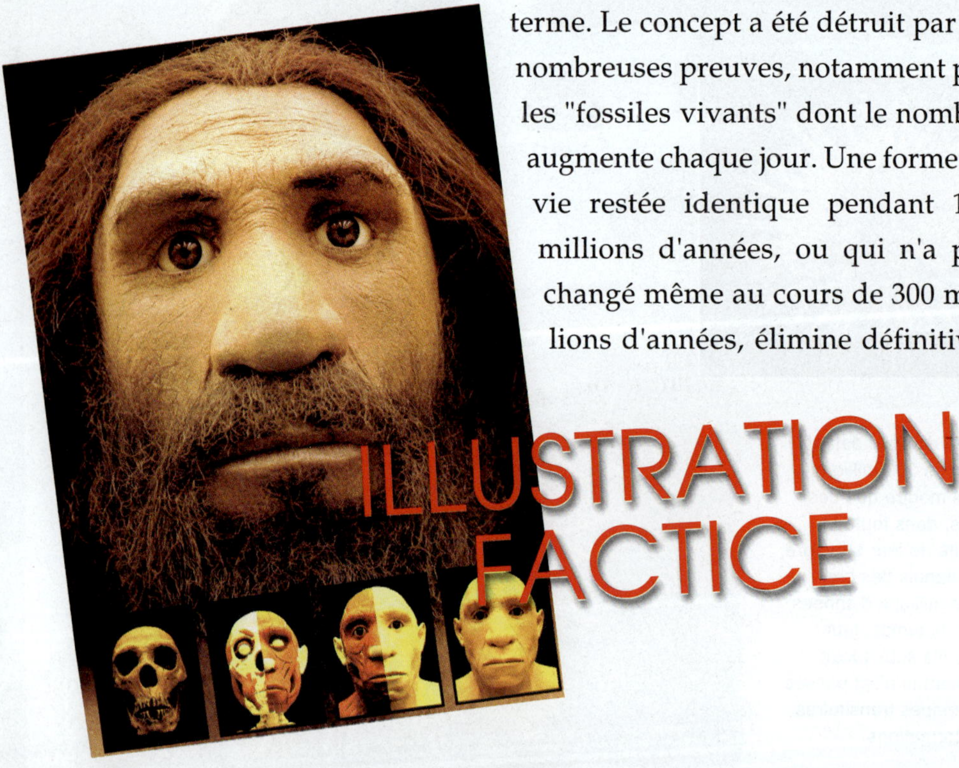

ment le scénario de l'évolution. Des millions d'espèces vivantes, à propos desquelles de nombreux scénarios évolutionnistes furent inventés, illustrent l'absence d'évolution dans les fossiles laissés par leurs ancêtres. Les êtres vivants que nous observons aujourd'hui auraient dû, selon les darwinistes subir l'évolution. Pourtant les spécimens de fossiles de ces espèces identiques étayent le fait qu'elles n'ont jamais subi une quelconque évolution.

Les fossiles vivants sont des preuves si puissantes qu'ils anéantissent toutes les affirmations darwinistes, réfutant ainsi le non-sens de l'évolution enseigné dans les manuels. Ils remettent totalement en question les fausses reconstitutions "intermédiaires" dans tous les musées de l'évolution, et démontrent que les scénarios imaginaires évolutionnistes dans les divers livres et articles darwinistes ne sont que des fabrications.

Les darwinistes s'évertuent à ignorer ces preuves sans pour autant réussir à les éliminer. Les fossiles vivants, dont on découvre chaque jour davantage de spécimens, ont, en effet, déjà aboli la thèse de l'évolution.

Ce livre présente ces faits importants ainsi que l'embarras des darwinistes face aux preuves. Vous verrez comment cette supercherie se désagrège depuis l'époque de Charles Darwin, auteur de cette théorie. Les exemples de fossiles vivants illustrés dans ce livre ne représentent qu'une infime partie des preuves invalidant cette duperie. Des nombreux spécimens de "fossiles vivants" sont découverts régulièrement dans presque toutes les strates sédimentaires, un seul, néanmoins, suffit à réfuter le darwinisme.

La loi de Dieu anéantit l'ordre darwiniste :

Ou bien cherchent-ils à tramer quelque intrigue ? Ce sont ceux qui ont mécru qui sont les victimes de leurs propres intrigues. Ou ont-ils une autre divinité à part Dieu ? Que Dieu soit glorifié et purifié de tout ce qu'ils associent ! Et s'ils voient tomber des fragments du ciel, ils disent : "Ce sont des nuages superposés." Laisse-les donc, jusqu'à ce qu'ils rencontrent leur jour où ils seront foudroyés. Le jour où leurs intrigues ne leur serviront à rien, et où ils ne seront pas secourus. (Sourate at-Tur, 42-46)

DARWIN S'EST TROMPE : LES ESPECES N'ONT JAMAIS CHANGE

Le plus grand problème auquel Darwin dut probablement faire face était les moyens par lesquels les caractéristiques adaptatives furent transmises de génération en génération, car les principes de la génétique n'avaient pas encore été découverts à l'époque de la mort de Darwin. Un second problème qu'il ne put résoudre s'apparentait à la nature des archives fossiles.[1]

Darwin donna le nom de "théorie de l'évolution" à l'hypothèse qu'il développa, sur les deux attentes décrites par le paléontologue évolutionniste Douglas Ward dans l'extrait cité ci-dessus.

Charles Darwin

Sa première supposition était que les gènes donnant naissance à des caractéristiques différentes pouvaient être transmis, d'une manière imaginaire, aux générations suivantes, conduisant ainsi à des changements parmi les espèces. Il conjecturait, par ailleurs, que ces séries de changements imaginaires pouvaient être préservés dans les archives fossiles.

Darwin pouvait aisément prétendre que des changements s'opéraient dans les traits anatomiques d'un être vivant et qu'ils étaient ensuite transmis aux générations subséquentes, s'ensuivant alors une nouvelle espèce. Dans les années 1850, lorsque Darwin présenta ses idées, la science en était encore à ses balbutiements. L'étude de la génétique n'était pas encore née. La complexité des cellules et des chromosomes, sans parler de l'ADN, restait encore à être découverte. La structure glorieuse des gènes déterminant toutes les caractéristiques d'un être vivant, les données contenues dans ces gènes et leur complexité étaient alors complètement inconnues.

Il était, par conséquent, facile pour Darwin de croire que des fossiles quelque part sur terre allaient venir confirmer ces changements hypothétiques au sein des espèces. D'après lui, les fossiles de formes intermédiaires existaient dans les couches géologiques, mais n'avaient pas été mis

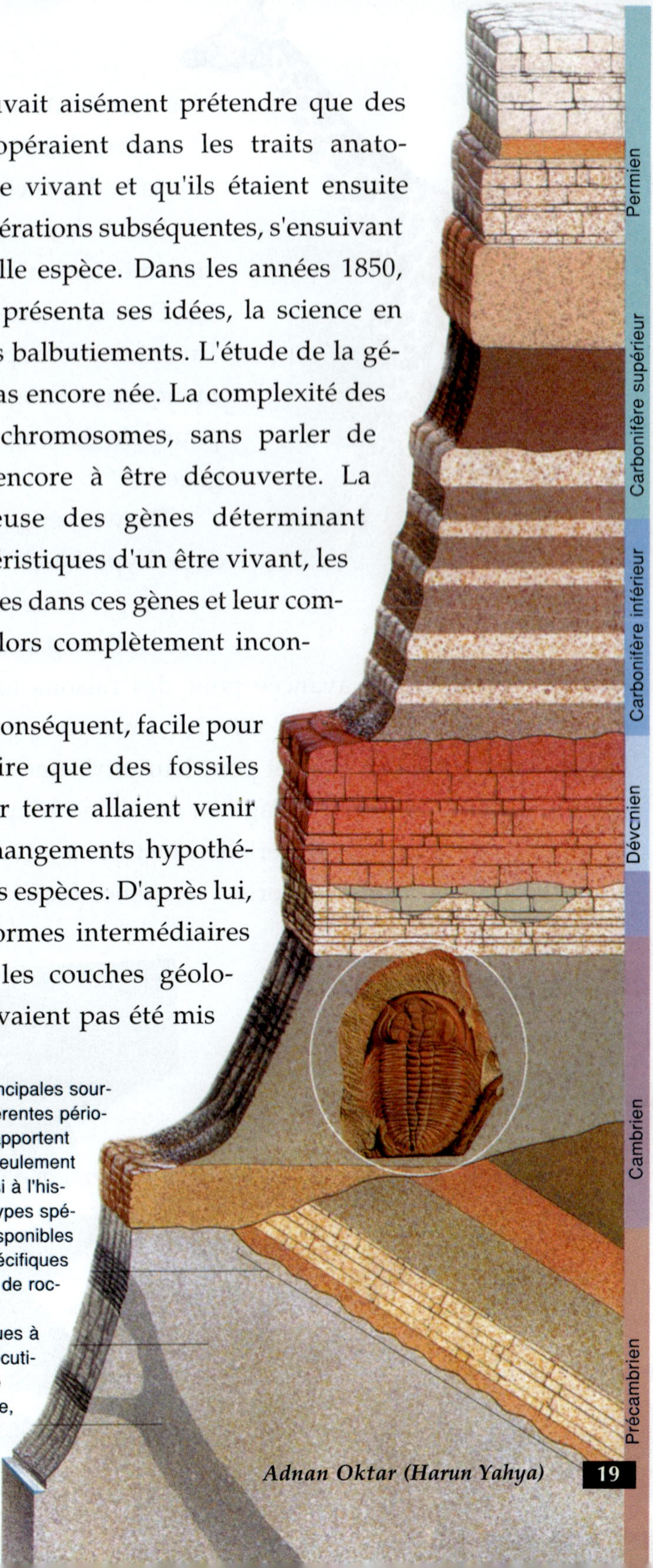

Les fossiles sont l'une des principales sources d'informations sur les différentes périodes de l'histoire terrestre. Ils apportent des données en rapport non seulement à l'histoire naturelle mais aussi à l'histoire de la Terre même. Des types spécifiques de fossiles ne sont disponibles que dans certaines strates spécifiques et dans des types spécifiques de roches sédimentaires.
Les groupes de fossiles, uniques à chaque strate rocheuse consécutive, représentent une forme de signature de cette strate même, permettant aux paléontologistes de la dater précisément.

à jour. A cette époque, le nombre de spécimens de fossiles extraits des roches était très limité. Etant donné qu'aucune forme intermédiaire n'avait été découverte, Darwin s'attendait à ce qu'à l'avenir on voie apparaître ces "liens manquants" imaginaires. Il suffisait pour cela de temps et d'études soignées.

Darwin érigea sa théorie sur deux hypothèses de base, mais un examen précis ne révèle ni preuve ni observation, parce que la théorie de l'évolution fut avancée pour des raisons totalement idéologiques et non scientifiques. Elle fut inventée pour détourner les hommes de leur foi en Dieu et pour leur offrir une soi-disant alternative au fait de la création. Il s'agit en fait d'une adaptation de l'histoire naturelle de la logique matérialiste instillée à travers le monde à cet effet. Le fait d'associer la théorie à la science facilita son acceptation,

en raison notamment du stade primitif de la science à cette époque. L'illogisme de la théorie était clair, mais les standards scientifiques étaient alors tels que les preuves de la faiblesse de la théorie ne pouvaient encore être comprises.

Le siècle et demi qui suivit fournit rapidement d'innombrables preuves scientifiques démontrant l'invalidité de l'hypothèse de Darwin. Les données révélées par la génétique éradiquent complètement l'idée d'espèces "descendant" d'autres espèces à travers des changements minimes graduels. Les gènes, comme nous le savons aujourd'hui, sont extrêmement complexes et délicats. Une quelconque mutation peut avoir un effet inverse et dommageable sur eux. Il est, par conséquent, impossible que des changements aléatoires totalement inconscients se produisent dans les gènes de sorte que la structure d'un organisme se transforme en une autre avec différentes fonctions.

Les archives fossiles représentent également une déception majeure pour les darwinistes. Aucun fossile de forme intermédiaire n'a été découvert contrairement aux attentes de Darwin. L'idée que les archives fossiles sont "inadéquates" ne fait désormais plus partie du credo darwiniste, parce que la terre a fourni la plupart des spécimens existants. Une grande partie de la planète a été fouillée. La paléontologie révèle plutôt qu'aucun exemple de "transition" n'existe. Les êtres vivants qui existaient il y a des millions d'années n'ont jamais changé depuis tout ce temps.

Le paléontologue évolutionniste de l'Université d'Harvard Stephen Jay Gould affirme ouvertement que Darwin était, en réalité, conscient de ce point lorsqu'il écrivit :

Les archives fossiles ont causé à Darwin davantage de peine que de joie.[2]

Les évolutionnistes Niles Eldredge et Ian Tattershall du Musée Américain d'histoire naturelle ont décrit leur position en ces termes :

> ... Que des sortes individuelles de fossiles soient notoirement restées identiques au cours de leur occurrence dans les archives fossiles étaient un fait déjà connu par les paléontologues bien avant que Darwin ne publie son Origine. Darwin, lui-même,... prophétisa que les générations futures de paléontologues allaient combler ces fossés par des recherches diligentes... 120 ans de recherches paléontologiques plus tard, il est devenu très clair que les archives fossiles ne confirmeront pas cette partie des prédictions de Darwin, ni celles de maigres archives fossiles. Les archives fossiles montrent simplement que cette prédiction est fausse.
>
> L'observation que les espèces sont des entités incroyablement conservatrices et statiques au cours de longues périodes, a toutes les qualités des nouveaux vêtements de l'empereur : tout le monde le savait, mais préférait l'ignorer. Les paléontologues, confrontés à des archives récalcitrantes refusant de céder au schéma prédit par Darwin, se contentèrent simplement de tourner la tête.[3]

En résumé, Darwin défendit sa théorie de l'évolution en ignorant délibérément toutes ces impossibilités, alors qu'elles étaient tout à fait connues à l'époque. Scientifiquement, il n'existe pas de changements génétiques utiles se produisant aléatoirement chez les espèces, ni de transmissions de ces mêmes changements aux générations suivantes. Les fossiles n'indiquent pas de tels changements et ne proposent pas la moindre cellule de l'une de ces formes intermédiaires hypothétiques qui auraient dû exister au cours des centaines de millions d'années.

Ceci étant, quelles preuves scientifiques maintiennent la théorie de l'évolution en vie ?

Il n'y en a pas ! Cela montre une fois de plus que les raisons en faveur du darwinisme sont idéologiques plutôt que scientifiques. Le protocole scientifique requiert qu'une hypothèse soit d'abord affirmée, ensuite celle-ci passe au stade de règle, uniquement après avoir été soutenue par des preuves. Cependant, ce schéma ne fut pas respecté pour la théorie de l'évolution, car pas une seule preuve ne vient étayer la théorie. Néanmoins, elle subsiste dans les manuels et apparaît régulièrement dans les médias, de manière très trompeuse. Elle est protégée par des lois et préservée par la logique suivante : "Elle est immuable et aucune décision à son encontre ne peut être formulée." La seule raison de tout cela est que la théorie de l'évolution est une croyance dogmatique, et non une thèse scientifique.

Les archives fossiles réfutent constamment les affirmations du darwinisme et pointent vers le fait de la création. Tous les efforts des darwinistes pour prouver le contraire ont abouti à l'échec. Les preuves issues des roches sédimentaires déclarent ouvertement que les êtres vivants n'ont pas subi d'évolution. Deux des plus grandes preuves sont l'absence de fossiles de formes intermédiaires et la stagnation dans les archives fossiles mêmes.

LES FOSSILES DE FORMES INTERMEDIAIRES N'EXISTENT PAS

L'évolutionniste Dr. David Raup, conservateur du Musée Field d'histoire naturelle à Chicago dit :

> La théorie de la sélection naturelle de Darwin a toujours été étroitement liée aux preuves provenant de fossiles et la plupart des gens supposent probablement que les fossiles constituent une part très importante de l'argument général en faveur des interprétations darwinistes de l'histoire de la vie. Malheureusement, cela n'est pas strictement vrai.[4]

Les visiteurs d'un quelconque musée d'histoire naturelle se retrouvent face à une intense propagande évolutionniste. Y sont exposés des reconstitutions imaginaires et de faux os fabriqués à la main, supposés appartenir à nos prétendus ancêtres. Le moindre fragment fossilisé d'un être ayant vécu jadis, qui ne représente en soi nul-

Les créatures mi-hommes, mi-singes n'ont jamais existé. Des preuves scientifiques montrent que les êtres humains ont toujours existé sous la forme d'êtres humains. Les évolutionnistes dissimulent, néanmoins, soigneusement ce fait en ayant recours à toutes sortes de mensonges pour prouver le contraire.

lement une preuve de l'évolution, est toutefois présenté comme une preuve hautement importante de forme intermédiaire de la transition imaginaire du poisson en amphibien. Une côte qui confirmerait davantage le fait de la création est exhibée avec une immense fierté comme preuve de l'évolution. Se basant sur les descriptions détaillées des prétendus fossiles et les noms latins qui leur sont attribués, ceux qui examinent ces pièces sont convaincus d'avoir affaire à un fait évolutionniste. Or le véritable objectif du musée est de donner l'impression que quelque chose existe alors qu'elle n'a jamais existé et de faire la propagande à propos de quelque chose d'inexistant.

Les évolutionnistes s'imaginent atteindre leurs buts à travers ces méthodes, parce que les visiteurs de musée n'ont pas conscience du fait qu'*il n'existe pas un seul fossile de forme intermédiaire pour soutenir la théorie de l'évolution.* Ils ne savent pas non plus que les fossiles vivants restés identiques pendant des millions d'années, contrairement aux af-

firmations de la théorie de l'évolution, sont dissimulés dans les entrepôts, situés souvent ironiquement en dessous des salles d'expositions.

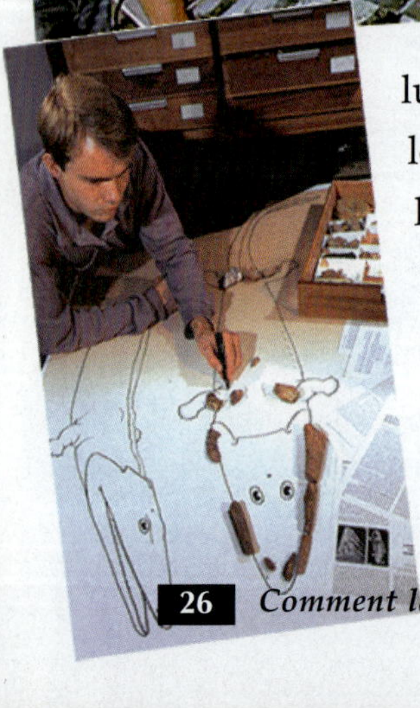

En fait, les efforts déployés par les évolutionnistes s'avèrent être creux. Aucun fossile de forme intermédiaire étayant le concept d'évolution n'a jamais été découvert. Il n'existe, en effet, pas la moindre trace de ces étranges créatures imaginaires semi développées qui auraient dû exister au cours de millions d'années. Le processus d'évolution n'est rien de plus qu'une croyance – un souhait que les évolutionnistes voudraient voir se vérifier. Pourtant les archives fossiles n'ont jamais permis à ce rêve de devenir vrai. D'innombrables fossiles ont été exhumés dans le monde entier sans que les fossiles de formes intermédiaires manquantes ne soient découverts à leur tour. Il est impossible qu'on en trouve la moindre trace car l'évolution n'a jamais eu lieu. En inventant des théonombrables autres structures complexes qui ne peuvent être produites artificiellement aujourd'hui, même dans des conditions de laboratoires contrôlées. Or, selon la théorie de l'évolution, tous sont nés du hasard aveugle.

Les évolutionnistes ont passé au crible les archives fossiles à la recherche d'une quelconque trace de ce processus et des changements impliqués. Cependant, encore selon les évolutionnistes, un autre miracle s'est produit : toutes les traces dans les archives fossiles ont disparu !

La logique de cet argument suit : l'évolution est née d'une série de millions d'évènements impossibles qui, selon l'évolution, seraient issus de coïncidences aveugles et inconscientes. Le darwinisme nie l'existence de Dieu et de tout phénomène surnaturel, mais n'hésite pas à affirmer que des millions d'organismes vivants sont nés d'une série de miracles. La théorie de l'évolution présentée de manière scientifique est en réalité une croyance érigeant d'innombrables miracles et coïncidences en une multitude de divinités.

La théorie de l'évolution est incapable de prouver qu'une seule protéine est née spontanément. Elle est incapable de présenter un seul spécimen de forme intermédiaire pour

Les protéines sont des molécules complexes qui constituent la base des cellules vivantes et qui endossent des responsabilités importantes. Les probabilités pour qu'une molécule de protéine moyenne naisse par hasard sont de 1 sur 10^{950}. (En termes pratiques, ce nombre équivaut une probabilité nulle.) Les mathématiciens ont, eux-aussi, assené un revers sérieux au darwinisme.

prouver que les espèces vivantes ont évolué. La théorie se réfute par ses deux composantes de base. Elle se trouve dans une situation délicate dont elle ne peut sortir en couvrant l'absence de formes intermédiaires dans les archives fossiles et dissimulant les exemples de fossiles vivants dont le nombre augmente quotidiennement.

Face au manque de preuves, les darwinistes persistent, au contraire, à utiliser des méthodes frauduleuses. Mais le public devient de plus en plus conscient du fait que l'évolution est enseignée pour des raisons idéologiques et non scientifiques. Les darwinistes veulent donner l'impression que les fossiles de formes intermédiaires existent alors que ce n'est pas vrai et ils dissimulent les preuves du fait de la création dans les coffres des musées. Pourquoi ? La raison est évidente : ils connaissent trop bien les nombreuses preuves incontestables de l'existence de Dieu, le Seigneur de l'univers. Puisqu'ils luttent pour nier Son existence, ils tentent de cacher les faits. Or, Dieu manifeste Sa propre existence avec d'innombrables preuves et annule les plans des darwinistes.

Ne voient-ils pas que Nous frappons la terre et que Nous la réduisons de tous côtés ? C'est Dieu qui juge et personne ne peut s'opposer à Son jugement, et Il est prompt à régler les comptes. Certes ceux d'avant eux ont manigancé ; le stratagème tout entier appartient à Dieu. Il sait ce que chaque âme acquiert. Et les mécréants sauront bientôt à qui appartient la (bonne) demeure finale. (Sourate ar-Raad, 41-42)

DNA

Les évolutionnistes prétendent que des organismes de formes intermédiaires dotés de structures anormales ont existé par le passé or pas un seul de ces fossiles n'existe

La théorie de l'évolution avance que les êtres vivants se sont développés ou "sont descendus" d'autres formes de vie suite à des mutations. La science moderne a, cependant, prouvé qu'il s'agit là d'un grand mensonge. Il n'existe pas une seule forme intermédiaire indiquant que les formes de vie actuelles ont pu se diversifier à travers d'infimes changements.

Selon la théorie de l'évolution, toutes les espèces vivant aujourd'hui et toutes celles qui ont existé sur terre descendent toutes les unes des autres. La transition entre les espèces se serait donc faite lentement et progressivement. Par conséquent, ont dû exister des formes de vie faisant la jonction entre deux espèces et présentant simultanément des caractéristiques de chacune de ces espèces. Selon les dires des évolutionnistes, des êtres vivants dotés de vestiges de branchies, de poumons rudimentaires, d'appendices à mi-chemin entre des nageoires et des pattes ont dû vivre pendant des millions d'années entre le mo-

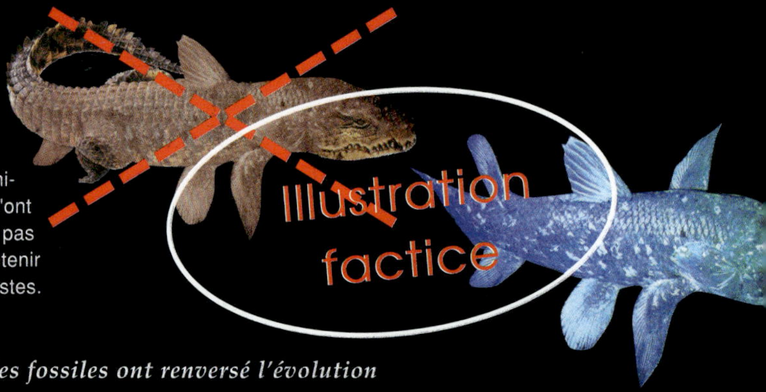

Les créatures mi-reptiles, mi-poissons représentées ici n'ont jamais existé. Il n'en existe pas la moindre preuve pour soutenir les affirmations des darwinistes.

ment où le poisson aurait pu totalement émerger et survivre sur la terre ferme et où il se serait transformé en reptile. Les évolutionnistes appellent ces créatures imaginaires du passé "des formes intermédiaires".

Des formes intermédiaires présentant les caractéristiques de deux espèces différentes existent uniquement dans l'imaginaire des darwinistes. En réalité, jamais de telles créatures n'ont existé.

Si la théorie de l'évolution était juste, alors de nombreuses espèces de la sorte auraient existé dans le passé. Leurs nombres et leurs variétés avoisineraient les millions, voire les milliards. Ou tout moins quelques-uns de ces êtres monstrueux auraient dû laisser des traces sous forme de fossiles.

Or, à ce jour aucun fossile de forme intermédiaire n'a jamais été découvert. Charles Darwin, auteur de cette théorie, écrivait, en effet, dans le chapitre *"Difficultés de la théorie"* dans son livre L'origine des espèces :

> Si les espèces derivent d'autres espèces par des degrés insensibles, pourquoi ne rencontrons-nous pas d'innombrables formes transition ? Pourquoi tout n'est-il pas dans la nature à l'état de confusion ? Pourquoi les espèces sont-elles si bien definies ? ... Mais pourquoi ne trouvons-nous pas fréquemment dans la croûte terrestre les restes de ces innombrables formes de transition qui, d'après cette hypothèse, ont dû exister ? ... Pourquoi donc chaque formation géologique, dans chacune des couches qui la composent, ne regorge-t-elle pas de formes intermédiaires ? La géo-

logie ne révèle assurément pas une série organique bien graduée, et c'est en cela, peut-être, que consiste l'objection la plus sérieuse qu'on puisse faire à ma théorie.[7]

Mis au défi par Darwin lui-même, les paléontologues évolutionnistes du milieu du 19ème siècle à aujourd'hui ont entrepris des fouilles à travers le monde entier en quête de formes intermédiaires. En dépit de leurs efforts, aucune forme transitoire n'a jamais été mise au jour. Toutes les découvertes établies au cours de recherches montrent, contrairement aux attentes de la théorie de l'évolution, que toutes les espèces sont apparues sur terre soudainement, sous leurs formes parfaites.

Le célèbre paléontologue britannique Derek Ager reconnaît ce vide, bien qu'étant lui-même un défenseur de la théorie de l'évolution :

> Il apparaît, toujours et encore, si nous examinons les archives fossiles en détail, que ce soit au niveau des ordres ou des espèces, non pas une évolution graduelle mais l'explosion soudaine d'un groupe au dépens d'un autre.[8]

Mark Czarnecki, un autre paléontologue évolutionniste, fait quant à lui le commentaire suivant :

> Le problème majeur, quand il s'agit de prouver

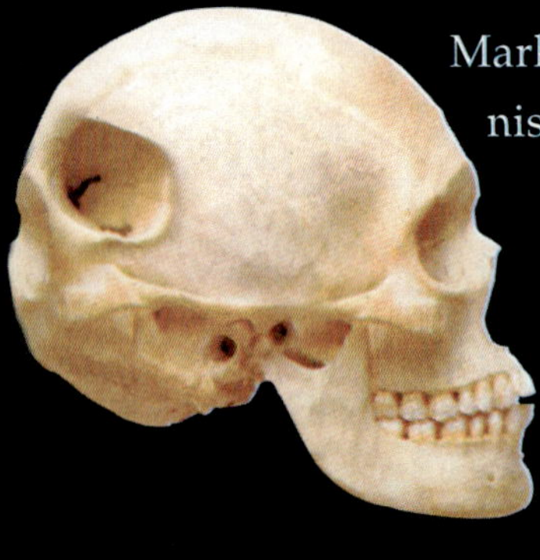

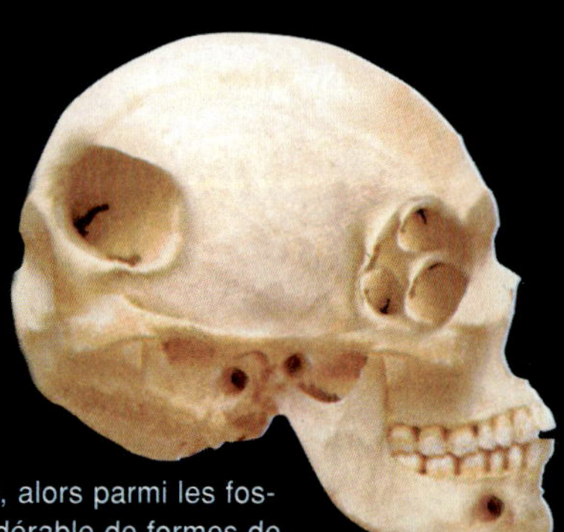

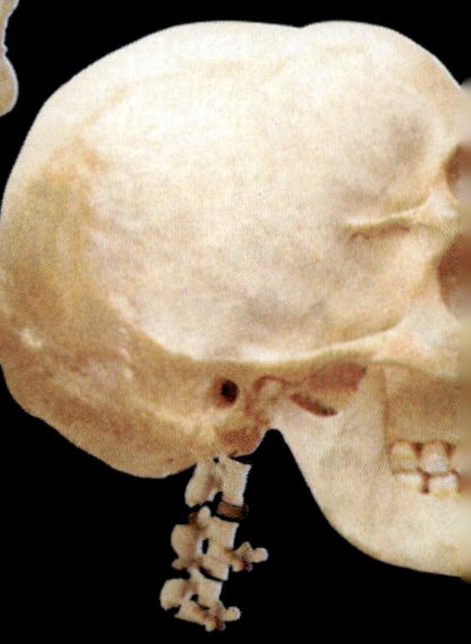

Si les thèses darwinistes étaient justes, alors parmi les fossiles il devrait exister un nombre considérable de formes de vie étranges avec plusieurs orbites oculaires, des nez situés en divers endroits, une mâchoire à l'arrière ainsi qu'à l'avant, ou des crânes anormalement développés, comme ce qui est représenté ici. Or, en 150 années de fouilles, aucun fossile de ce genre n'a été mis au jour. Au contraire, toutes les fossiles déterrés à ce jour indiquent que les êtres vivants ont toujours existé sous leur forme parfaite et complète depuis leur première apparition et qu'ils n'ont jamais changé au cours de leur existence.

la théorie, concerne les archives fossiles ; les empreintes des espèces disparues préservées dans les formations géologiques terrestres. Ces données n'ont jamais révélé les traces des variantes intermédiaires hypothétiques de Darwin. Au lieu de cela, les espèces apparaissent et disparaissent brutalement, et cette anomalie nourrit l'argument créationniste selon lequel les espèces furent créées par Dieu.[9]

Dans son livre *The Neck of the Giraffe*: Where Darwin went Wrong (Le cou de la girafe : là où Darwin s'est trompé), le célèbre biologiste Francis Hitching écrit :

> Si nous trouvons des fossiles et si la théorie de Darwin était juste, nous pouvons prédire ce que devrait contenir la roche : des fossiles finement gradués menant d'un groupe de créatures à un autre groupe d'un niveau de complexité supérieur. "Les améliorations mineures" chez les générations suivantes devraient être toutes aussi bien préservées que l'espèce même. Mais ce

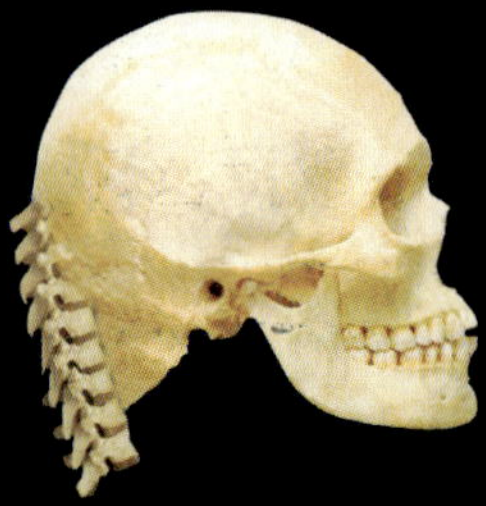

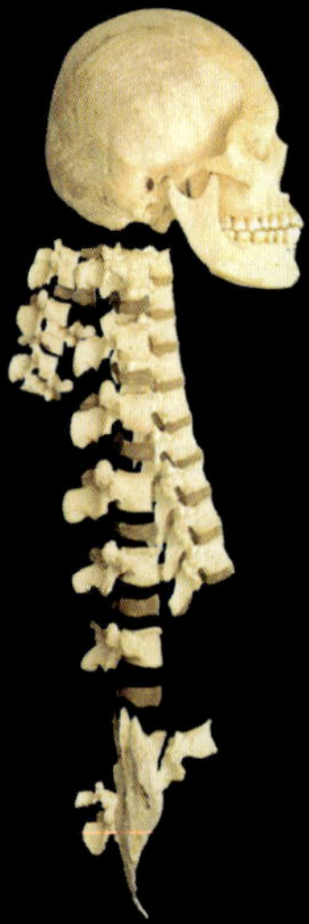

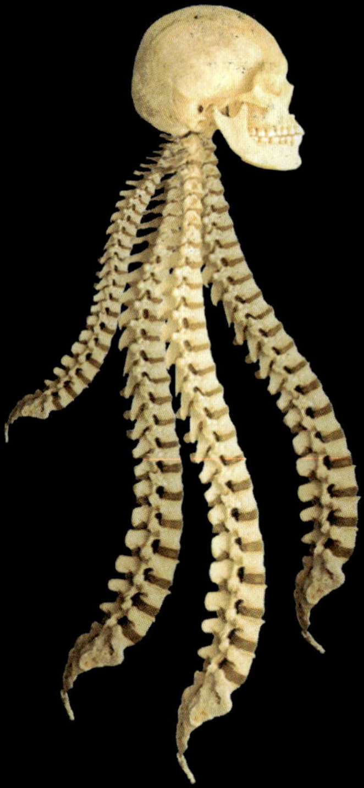

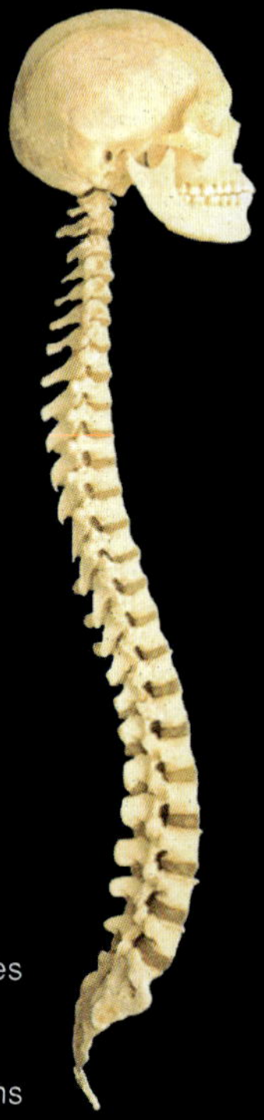

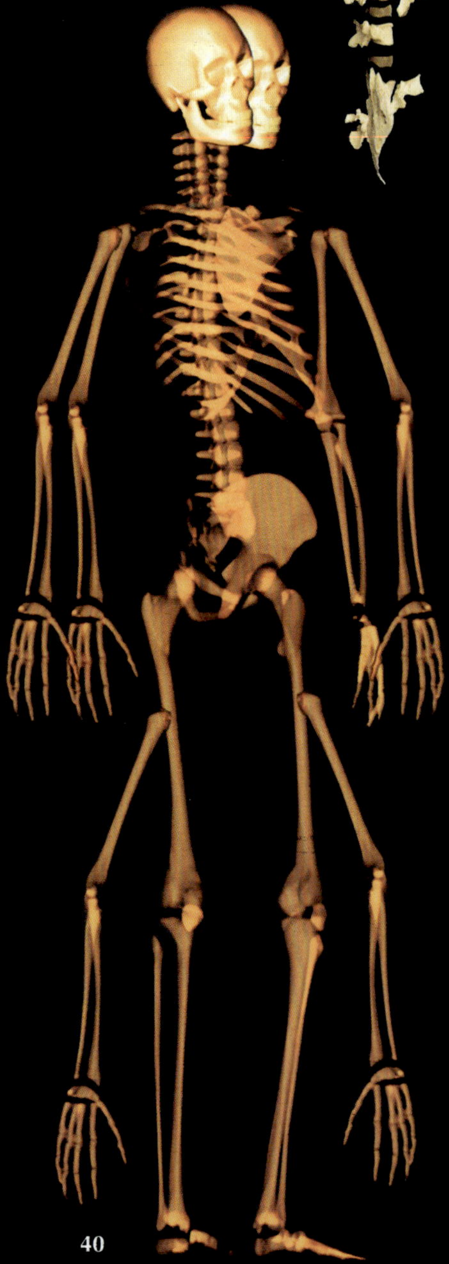

Si les structures et apparences présentes des êtres vivants étaient le résultat de centaines de milliers de changements minimes, alors d'innombrables spécimens fossiles auraient dû documenter ce développement illusoire. Des entités anormales présentant deux cerveaux, trois colonnes vertébrales, quatre yeux, deux mâchoires, trois nez, sept doigts et trois jambes auraient dû se démarquer. Pourtant tous les fossiles découverts à ce jour montrent que les êtres humains ont toujours été des êtres humains comme vous et nous.

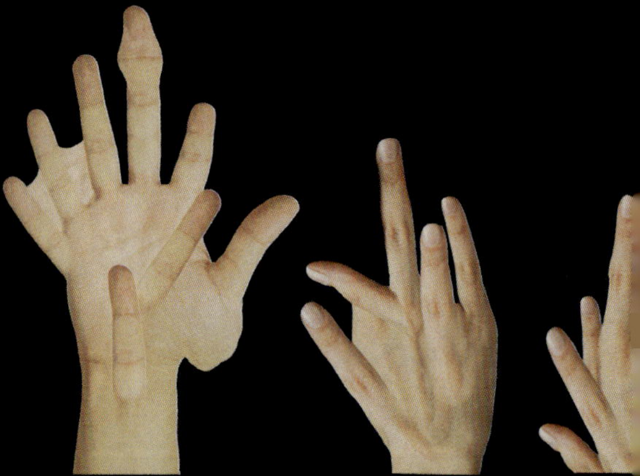

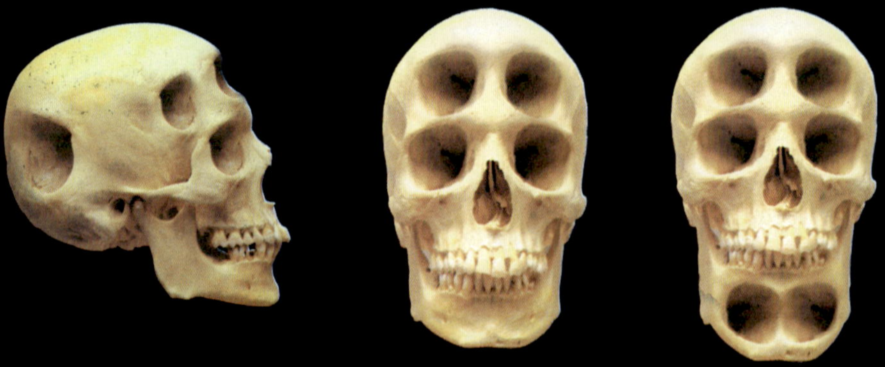

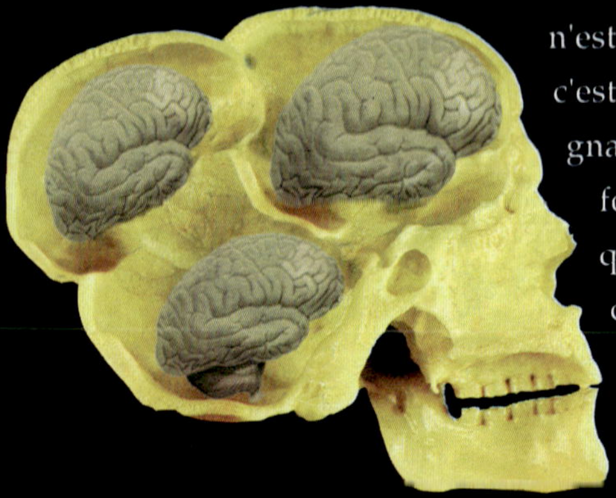

n'est pratiquement jamais le cas. En fait, c'est plutôt le contraire, comme s'en plaignait Darwin lui-même. "D'innombrables formes transitoires ont dû exister, pourquoi alors ne les trouvons nous pas incrustées en grand nombre dans la croûte terrestre ?" Darwin pensait cependant que l'"extrême imperfection" des archives fossiles était liée au nombre insuffisant de fossiles disponibles. Mais à mesure que les fossiles furent déterrés, on découvrit que la plupart, sans exception, étaient très proches des animaux vivants aujourd'hui.[10]

Comme l'affirmaient Darwin et les autres personnes citées plus haut, le fait qu'aucun fossile de forme intermédiaire n'ait été déterré à ce jour souligne clairement l'invalidité de la théorie de l'évolution. Si les êtres vivants s'étaient transformés en autres formes de vie, ils auraient dû laisser un nombre important de formes intermédiaires pendant leur processus transitoire. Le monde entier devrait déborder de ces formes intermédiaires à différents stades d'évolution.

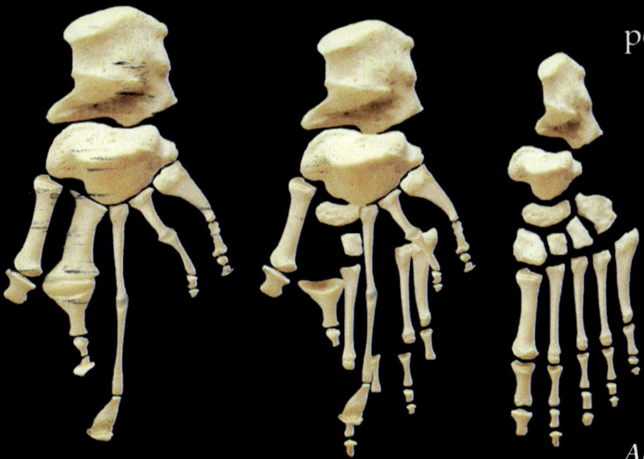

Toutefois, le fait est que sur les centaines de millions de fossiles découverts jusqu'à aujourd'hui, tous appartiennent à des êtres vivants complets et parfaitement formés.

Les fossiles montrent que les espèces vivantes ont émergé instantanément, avec des structures différentes et sans subir le moindre changement sur de très longues périodes géologiques. Stephen Jay Gould, paléontologue évolutionniste de l'Université d'Harvard, a reconnu ce fait :

L'histoire de la plupart des espèces fossiles présente deux caractéristiques particulièrement incohérentes avec le gradualisme :

1. La stagnation : la plupart des espèces ne dénotent aucun changement directionnel durant leur vie sur terre. Elles apparaissent dans les archives fossiles sous une forme très semblable à celle du moment de leur disparition ; le changement morphologique est habituellement limité et sans direction.

2. L'apparition soudaine : nulle part, aucune espèce ne provient de la transformation graduelle et progressive de ses ancêtres ; elle apparaît tout d'un coup et "pleinement formée".11

Si l'évolution avait réellement eu lieu, la terre regorgerait de milliards de fossiles intermédiaires. Qui plus est, en raison des effets des mutations, ces formes de vie, dont le nombre avoisinerait les millions, devraient être d'apparence extrêmement anormales.

Du point de vue évolutionniste, tous les êtres vivants – et tous leurs organes – naquirent d'une série de mutations aléatoires. Si cela était bien le cas, un organe naissant avec une structure anormale aurait dû être soumis à de nombreuses mutations pendant que ses fonctions se développaient. Un tel organe aurait dû connaître des états anormaux à chaque étape. Avant d'atteindre la perfection aujourd'hui visible, les êtres vivants en question auraient dû endurer des structures anormales et paraître très gauches. Par exemple, avant d'aboutir à un visage humain symétrique avec deux yeux, deux oreilles, un nez, une bouche, il aurait dû y avoir un très grand nombre de visages anormaux asymétriques, avec plusieurs oreilles et yeux, un nez entre les yeux ou sur la mâchoire, ou des yeux à l'arrière de la tête ou sur les joues, un nez à la place d'une oreille descendant jusqu'au cou, et des millions voire des milliards d'autres défauts. En effet, avant d'atteindre l'ultime étape, il aurait dû exister des créatures avec une oreille sur la plante des pieds ou un œil dans le dos, la bouche sur le ventre, avec deux ou trois cerveaux, incapables de se tenir debout parce qu'elles n'auraient pas encore de rotules, avec trois ou cinq bras de chaque coté du corps au lieu d'un seul, ou dont les os de pied seraient arrangés cote à cote au lieu de l'arrière à l'avant afin de pouvoir se tenir debout convenablement.

Pas un seul exemple tangible n'existe cependant. Des fossiles d'homme à deux, trois ou quatre têtes, avec des centaines d'yeux comme les insectes, avec plusieurs bras ou même avec des bras de deux mètres de long et de nombreuses autres anomalies auraient dû être découverts. De la même manière, il devrait y avoir des spécimens anormaux de chaque espèce végétale et animale. Les fossiles intermédiaires de toutes les créatures marines auraient dû également engendrer des individus anormaux. Pourtant il n'en existe pas un seul. Les millions de fossiles appartiennent tous à des êtres vivants parfaitement normaux.

Ce fait illustre clairement la chute de la théorie de l'évolution. Aucune personne rationnelle ne peut épouser la théorie tout en gardant l'espoir que ces exceptions seront un jour mises au jour, même si chaque fossile découvert au cours des 150 dernières années réfute la théorie de l'évolution. Un siècle et demi est passé, sans qu'aucun gisement de fossiles sur terre n'ait été épargné. Les millions de dollars consacrés aux fouilles n'ont pas permis de trouver les fossiles transitoires auxquels s'attendait Darwin. En revanche, nous disposons de millions de spécimens de "fossiles vivants" étayant le fait de la création.

Si les thèses darwinistes étaient vraies, alors le hasard et les mutations auraient causé des problèmes considérables de proportion, de déséquilibres et de bizarreries dans le magnifique et parfait corps humain. Ils auraient provoqué des anomalies telles qu'un crâne relié à une hanche, plusieurs bras sortant de l'épaule et un grand nombre de côtes ou d'os pelviens. Les os du bras et de la jambe auraient été de travers au lieu d'être droits comme nous le voyons aujourd'hui. Pourtant aucun spécimen de fossile de ce genre n'a jamais été découvert. Les corps des milliards d'êtres humains ayant vécu ou vivant encore aujourd'hui présentent la même symétrie, le même équilibre et le même ordre. Ceci démolit la théorie darwiniste du "développement graduel", conséquence du hasard et des mutations.

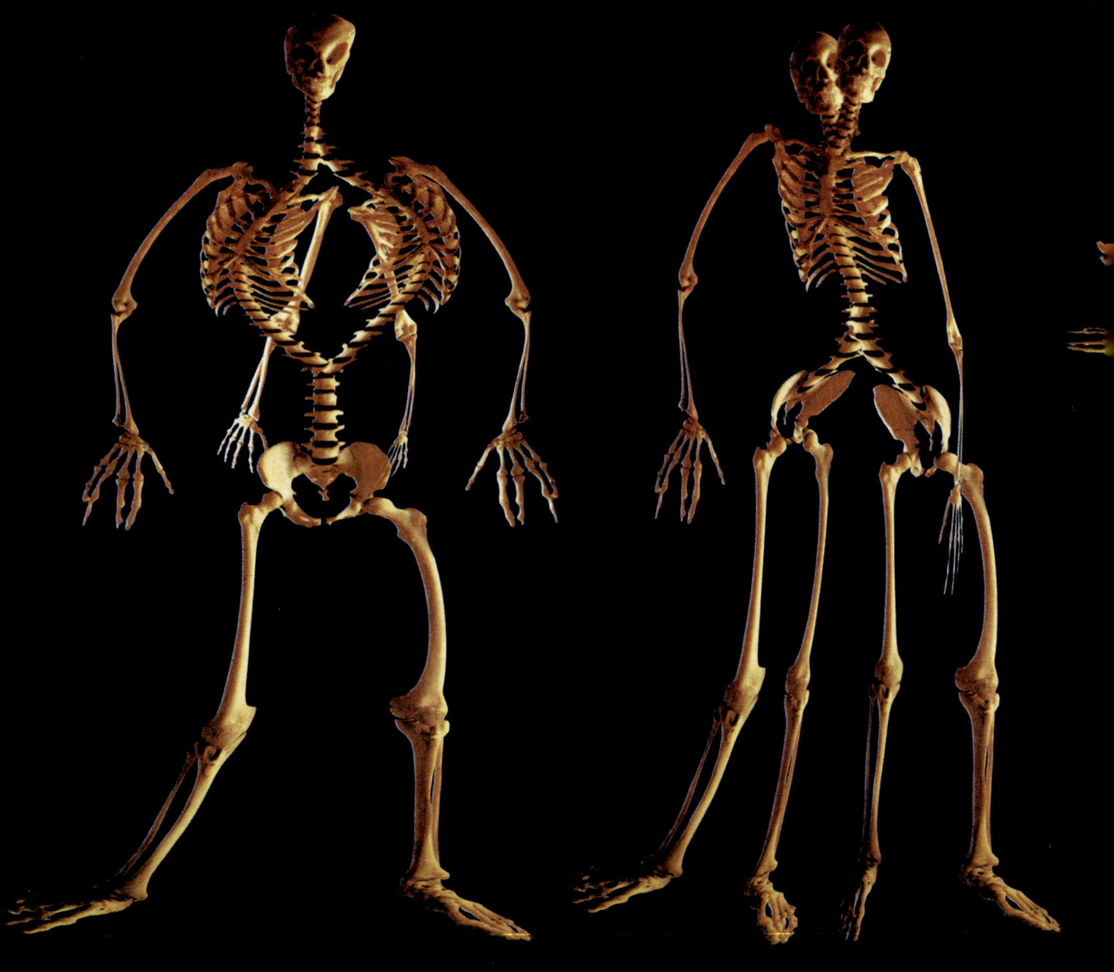

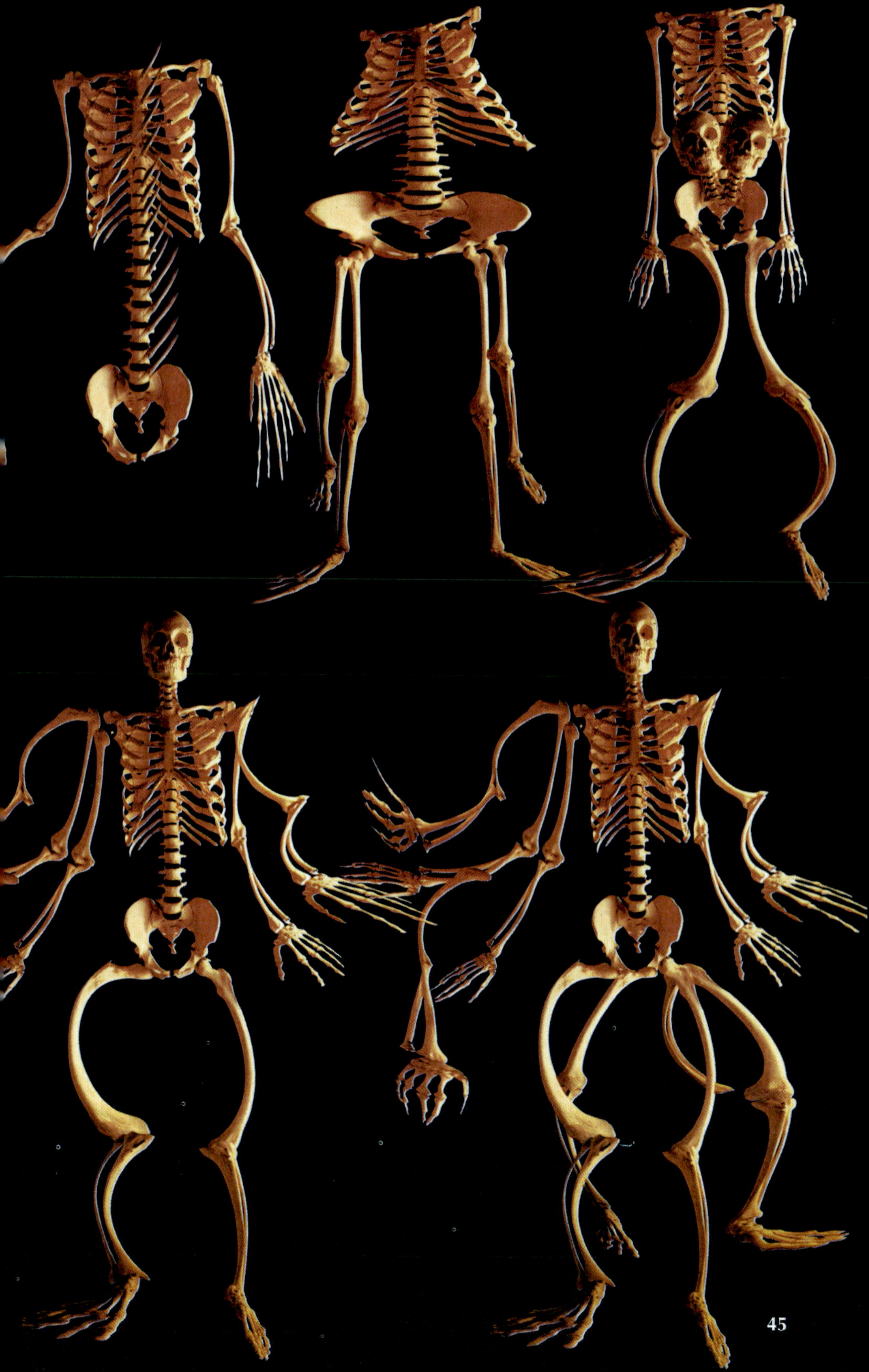

LES ARCHIVES FOSSILES CONFIRMENT LA CREATION : LA STAGNATION DANS LES ARCHIVES FOSSILES

Darwin prédit que les formes de vie restées inchangées pendant des millions d'années allaient représenter une difficulté majeure pour sa théorie, et il y fit fréquemment référence. Ces espèces spéciales furent même baptisées "fossiles vivants" par Darwin lui-même !

Le paléontologue évolutionniste Peter Douglas Ward fait allusion au problème de Darwin :

> Pourtant, le principe central de Darwin était que la plupart des organismes changent à travers le temps. Mais ont-ils tous changé dans les mêmes proportions ou les proportions ont-elles varié ? Darwin était persuadé qu'elles variaient, car il pouvait désigner une série de créatures assez similaires aux fossiles qu'il avait pu voir, dont certains étaient issus de très anciennes strates. Darwin confronta ce problème à plusieurs reprises. Bien qu'il semblât satisfait de l'explication fournie dans L'origine des espèces, le fait même qu'il portât ces "fossiles vivants" à l'attention

Un fossile de grenouille datant de 49 millions d'années découvert en Allemagne s'avère identique aux spécimens vivant aujourd'hui.

de ses lecteurs suggère qu'il n'était pas entièrement à l'aise avec le phénomène. Il écrit par exemple : "Dans certains cas… des formes faiblement organisées semblent avoir été préservées jusqu'au présent, du fait d'un mode de vie confiné ou dans des endroits particuliers, où elles ont été soumises à une concurrence moins sévère et où leur nombre minuscule a retardé les chances de variations favorables." L'existence des fossiles vivants, un terme qu'il inventa, continua à le déconcerter, et servit d'arme contre lui à ses nombreux critiqueurs."[12]

Darwin décrivait les êtres vivants en question comme des "formes faiblement organisées", c'est pourquoi il essaya de présenter la question sous un

Confrontés à ce fossile ayant existé il y a 95 millions d'années et identique aux requins-chats d'aujourd'hui, les darwinistes n'ont d'autre alternative que d'admettre que leurs théories sont simplement les fruits de leur imagination.

angle mineur en proposant une justification à leur survie. Pourtant ces fossiles sont identiques aux spécimens actuels. Ils présentent des caractéristiques excessivement développées. Leur survie ne peut s'expliquer avec les quelques arguments auxquels Darwin lui-même avait du mal à croire.

Quant aux successeurs de Darwin, le problème était beaucoup moins limité qu'il ne le fut du temps de Darwin. Le nombre de fossiles exhumés des nombreuses strates terrestres s'élevait à des millions. Leur quête de formes intermédiaires s'acheva avec la découverte de fossiles vivants. Des restes découverts dans des couches datant de millions d'années s'avérèrent identiques à leurs homologues vivants aujourd'hui. Ceci constitue l'un des coups majeurs assenés à la théorie de l'évolution précipitant la chute de celle-ci.

Darwin a certes pu être mal à l'aise avec l'existence des fossiles vivants, mais il ignorait alors l'étendue de leur diversité. Il ne savait pas non plus combien de ces spécimens fos-

Les fouilles menées dans le monde entier au cours des 150 dernières années n'ont pas révélé le moindre fossile penchant en faveur de l'évolution. Tous les fossiles déterrés confirment le fait de la création.

silisés allaient émerger dans les années futures. Au lieu des formes intermédiaires escomptées par Darwin, ce sont d'innombrables spécimens de fossiles vivants qui furent exhumés, ce qui constitua une déception majeure pour lui et sa théorie.

A ce jour, des millions de fossiles vivants ont été découverts dans les strates de la terre. Certains trouvent un relais dans les médias, mais la grande majorité est consignée dans les coffres de divers musées. L'existence des fossiles vivants est, néanmoins, trop importante pour être étouffée en les cachant, parce que toutes les strates sédimentaires sondées dévoilent leur lot de spécimens de fossiles vivants. Ceux qui suivent la presse peuvent s'imaginer qu'il n'existe qu'un nombre très limité de fossiles vivants et qu'ils ne sont exhumés que rarement. Pourtant ce n'est pas du tout le cas. Ces fossiles – représentants antérieurs datant de millions d'années des formes de vie actuelles – sont découverts partout.

La stagnation dans les archives fossiles ne put être expliquée ni par Darwin ni par ceux qui lui succédèrent. A l'origine, les évolutionnistes soutenaient que par exemple des blattes de 350 millions d'années n'avaient pas changé parce qu'"elles étaient capables de s'adapter à tous les environnements et donc de se nourrir de toutes sortes de choses".

Les fouilles menées dans le monde entier au cours des 150 dernières années n'ont pas révélé le moindre fossile penchant en faveur de l'évolution. Tous les fossiles déterrés confirment le fait de la création.

Les évolutionnistes n'ont jamais soulevé la question de savoir comment un insecte de 350 millions d'années a pu apparaître sous sa forme complète et complexe alors qu'il aurait dû être, selon les évolutionnistes, extrêmement primitif. Ils ignorèrent délibérément que quelle que soit sa capacité d'adaptation, cet insecte aurait dû se développer graduellement si l'on se réfère toujours à la théorie de l'évolution.

Des hypothèses similaires furent émises à propos d'autres formes de vie. Bien que le lézard tuatara de 200 millions d'années ne soit nullement différent de ses congénères actuels, ils continuent à défendre l'idée d'évolution progressive des êtres vivants. Mystérieusement, cette théorie ne s'est pas appliquée aux blattes qui se reproduisent rapidement ni aux archéobactéries capables de se reproduire en l'espace de quelques minutes, dont on a trouvé des èfossiles remontant à 3,5 milliards d'années ! C'est pourquoi les évolutionnistes attachent de l'importance à seulement quelques fossiles vivants. Elaborer des justifications non scientifiques, illogiques et incohérentes ne sort pas de l'ordinaire des évolutionnistes. Si tous les fossiles vivants recevaient le même intérêt, il ne serait ni possible ni crédible de fabriquer une justification de l'existence de chacun d'entre eux.

Le magazine *New Scientist* faisait allusion au besoin des évolutionnistes à trouver des excuses invalides et l'inutilité de ces dernières :

> La contrainte évolutionniste ne peut pas expliquer la persistance de tous les fossiles vivants. Tout ceci laisse une image assez compliquée... Rester général ou se spécialiser. Vivre vite ou lentement. Etre simple ou non. Etre au bon endroit au bon moment. Si tout le reste échoue, essayer de devenir une "super-espèce", béni d'une physiologie capable de résister à tout.[13]

Autrement dit, les darwinistes sont prêts à associer l'existence des fossiles vivants à n'importe quelle cause en dehors du fait de la création. Si toutes leurs explications ne tiennent pas la route, ils qualifieront alors un organisme particulier de "super-espèce" comme le mentionne clairement le *New Scientist*. L'unique chose à laquelle se refuseraient les darwinistes est de reconnaître que la forme de vie en question fut "créée" à l'origine.

Ce discours incohérent, derrière lequel Darwin s'était caché et que les darwinistes contemporains évitent généralement de mentionner, a été totalement démoli par le nombre extraordinaire de fossiles exhibant la stagnation. Il existe plus de "fossiles vivants" que de scénarios imaginables par les évolutionnistes. Ces fossiles sont le signe clair que l'évolution n'a jamais eu lieu.

D'après la théorie de l'évolution, un animal ressemblant à un loup contemporain plongea dans la mer un jour et en l'espace de 50 millions d'années, ses descendants se transformèrent en un gigantesque mammifère : la baleine.[14] Si malgré l'absence de logique évidente, l'évolution est capable de transformer un mammifère terrestre en une baleine en un si bref laps de temps géologique, comment la salamandre a-

t-elle pu rester identique pendant 160 millions d'années ? Aucun évolutionniste ne détient la réponse scientifique. Le problème ne se limite pas aux salamandres, mais à d'innombrables espèces et exemples de fossiles vivants aujourd'hui dont nous présenterons des spécimens dans les derniers chapitres de cet ouvrage. Un nombre conséquent de spécimens vient confirmer la stagnation dans les archives fossiles, comme l'affirme l'évolutionniste Niles Eldredge, paléontologue au Musée Américain d'histoire naturelle :

> La stagnation est maintenant abondamment documentée comme le schéma paléontologique dominant dans l'histoire évolutionniste des espèces.[15]

Les spécimens mis à jour prouvent qu'il y a des millions d'années, un grand nombre d'êtres vivants disposaient des mêmes caractéristiques anatomiques que leurs congénères actuels. Près de 84% de la famille des insectes ayant vécu il y a 100 millions d'années existent aujourd'hui encore.[16] La botaniste Margaret Helder cite les points de vue de Niles Elredge et décrit cette magnifique diversité des fossiles vivants de la sorte :

> La caractérisation d'un organisme en tant que fossile vivant dépend du degré de similarité que l'observateur cherche entre la créature vivante et

Un fossile de scorpion de 110 millions d'années (sur la page à droite) et un fossile de sauterelle de 108 à 92 millions d'années (à droite) démontrent que ces créatures ont conservé exactement les mêmes structures et caractéristiques pendant des dizaines de millions d'années et qu'elles n'ont donc pas changé. Autrement dit, elles n'ont pas subi de processus d'évolution.

le fossile. Si la définition se fait en termes de catégories générales d'organisme, telles que les éponges en général ou les fougères en général, voire des groupes spécifiques de fougères, alors Niles Eldredge dit : "... avec une telle mesure, pratiquement tout est un fossile vivant."[17] Que l'on se permette une définition aussi large ou non, il est prudent de conclure que les fossiles vivants ne sont pas rares.[18]

Sans aucun doute, l'apparition de ces formes de vie en grand nombre ne surprend pas l'individu rationnel. Si les hommes peuvent voir que Dieu a créé tous les êtres vivants, alors ils peuvent également comprendre les preuves manifestes issues des fossiles. A travers l'histoire de la vie, les organismes n'ont guère évolué, mais sont nés soudainement dotés des caractéristiques les plus complexes et parfaites.

Il est facile pour Dieu de créer un être vivant qui existe aujourd'hui encore avec les mêmes traits surprenants qu'il y a des millions d'années. Ceux capables d'apprécier cette vérité voit dans l'existence des fossiles vivants l'une des preuves de la création de Dieu. La terre ne fournit pas la moindre preuve de l'évolution théorisée par Darwin,

mais confirme plutôt le fait de la création. Niles Eldredge est l'un des évolutionnistes qui reconnaît la faille :

> Une simple extrapolation ne fonctionne pas. Je m'en suis rendu compte dans les années 60, lorsque j'essayais en vain de documenter des exemples de changement directionnel lent et constant auquel nous croyions tous, depuis que Darwin nous avait dit que la sélection naturelle laisserait précisément une trace aussi révélatrice à mesure que nous collections nos fossiles. J'ai compris au lieu de cela qu'une fois que les espèces apparaissent dans les archives fossiles, elles n'ont pas tendance à changer beaucoup. Les espèces demeurent imperturbables, implacablement résistantes au hasard.[19]

Ces propos démontrent bien que les "preuves chez les fossiles", "le processus évolutionniste" et "le changement progressif ou ponctuel chez les êtres vivants" ne sont que des spéculations. A la vue de ces faits, personne ne peut avoir foi en la conjecture darwiniste – des affirmations spéculatives démolies plus en détails dans les chapitres suivants. Pierre-Paul Grassé, célèbre zoologiste français mentionne l'erreur de l'évolution :

"L'évolution en action" de J. Huxley et d'autres biologistes est simplement

Ce fossile prouve encore une fois qu'il n'existe aucune différence de structure entre les crabes actuels et ceux d'il y a 35 millions d'années environ, révélant de nouveau la caducité des affirmations des évolutionnistes. Si une créature n'a pas subi le moindre changement pendant des dizaines de millions d'années, il est alors impossible de parler d'évolution des créatures vivantes.

Tout comme elle est incapable d'expliquer l'origine de la vie, la théorie de l'évolution est impuissante face à la variété des espèces.

une observation de faits démographiques, de fluctuations locales de génotypes, de distributions géographiques. Souvent les espèces concernées sont restées pratiquement inchangées pendant des centaines de siècles ! La fluctuation en tant que résultat de circonstances avec des modifications préalables de génome, n'implique pas l'évolution, et nous en avons les preuves tangibles chez de nombreuses espèces panchroniques (c'est-à-dire des fossiles vivants identiques depuis des millions d'années)… [20]

Il est essentiel que les gouvernements des pays où les spécimens de fossiles vivants sont exhumés leur accordent toute leur importance et les présentent au monde comme une preuve scientifique essentielle. Sinon, une conception peu soucieuse des faits scientifiques – à savoir la théorie de l'évolution – continuera à jouir d'un soutien aveugle au moyen de propagande et de tricherie. Les archives fossiles étayant l'histoire de la vie sur terre démontrent que les êtres vivants n'ont jamais évolué, mais qu'ils sont apparus soudainement avec toutes leurs caractéristiques complexes. En d'autres termes, les fossiles défendent le fait de la création.

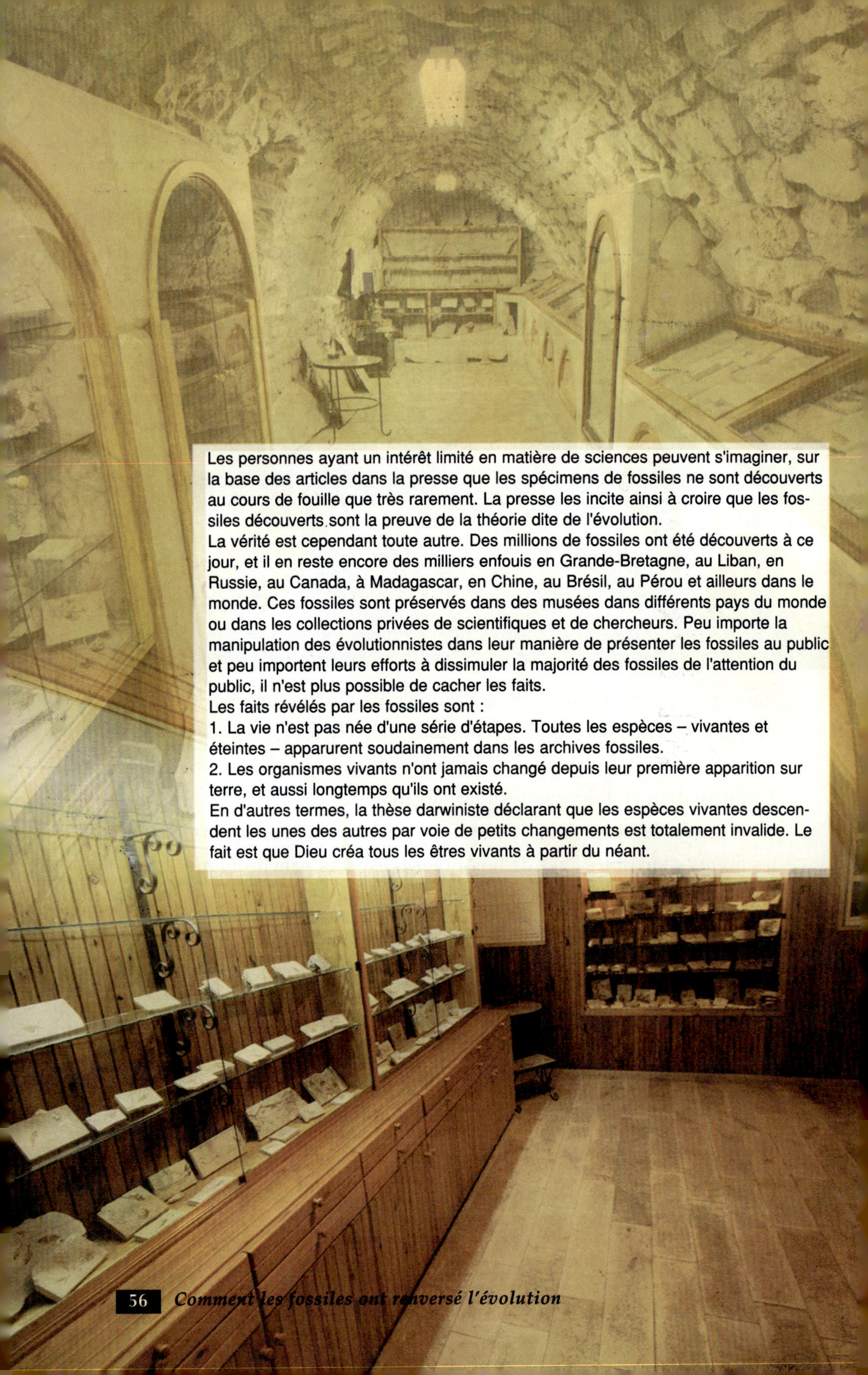

Les personnes ayant un intérêt limité en matière de sciences peuvent s'imaginer, sur la base des articles dans la presse que les spécimens de fossiles ne sont découverts au cours de fouille que très rarement. La presse les incite ainsi à croire que les fossiles découverts sont la preuve de la théorie dite de l'évolution.

La vérité est cependant toute autre. Des millions de fossiles ont été découverts à ce jour, et il en reste encore des milliers enfouis en Grande-Bretagne, au Liban, en Russie, au Canada, à Madagascar, en Chine, au Brésil, au Pérou et ailleurs dans le monde. Ces fossiles sont préservés dans des musées dans différents pays du monde ou dans les collections privées de scientifiques et de chercheurs. Peu importe la manipulation des évolutionnistes dans leur manière de présenter les fossiles au public et peu importent leurs efforts à dissimuler la majorité des fossiles de l'attention du public, il n'est plus possible de cacher les faits.

Les faits révélés par les fossiles sont :

1. La vie n'est pas née d'une série d'étapes. Toutes les espèces – vivantes et éteintes – apparurent soudainement dans les archives fossiles.

2. Les organismes vivants n'ont jamais changé depuis leur première apparition sur terre, et aussi longtemps qu'ils ont existé.

En d'autres termes, la thèse darwiniste déclarant que les espèces vivantes descendent les unes des autres par voie de petits changements est totalement invalide. Le fait est que Dieu créa tous les êtres vivants à partir du néant.

Des spécimens de fossiles exposés au musée Hakel au Liban

Sélections de la collection privée du Professeur Robert Cross, ancien Président du Musée Proctor de Science Naturelle (*Proctor Museum of Natural Science*).

Spécimen d'une raie, une espèce de poisson, obtenue au Liban

Un hippocampe fossilisé datant d'environ 300 millions d'années

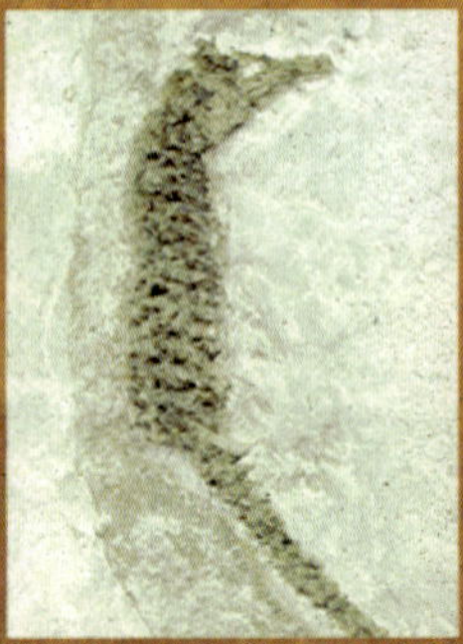

Trois fossiles de crinoïdes datant de 300 millions d'années environ

Une salamandre fossilisée remontant au miocène (23 à 5 millions d'années) découverte en Allemagne

Un fossile de grenouille mis au jour en Chine

Un spécimen de homard découvert au Liban

Des restes de marlin fossilisés

Les darwinistes sont incapables de désigner le moindre fossile prouvant l'évolution des êtres vivants. Parallèlement, des millions de fossiles exposés dans des centaines de musées, cachés dans les coffres de nombreux musées, conservés dans les départements de paléontologie d'universités ou gardés dans des collections de scientifiques ou de chercheurs indiquent tous que les êtres vivants furent créés. Face au nombre croissant de fossiles aux caractéristiques inchangées, les évolutionnistes n'ont d'autre choix que celui de ne plus défendre le concept d'évolution.

De nombreux évolutionnistes admettent désormais qu'en dépit de la richesse des archives fossiles, ils ne trouvent pas de quoi étayer la théorie de l'évolution, ce qui tend à l'infirmer. Le professeur T. Neville George de l'Université de Glasgow tient, par exemple, les propos suivants :

Il est inutile de chercher des excuses dans la pauvreté des archives fossiles. D'une certaine manière, elles sont devenues riches à un point ingérable, et la découverte dépasse l'intégration. ... Les archives fossiles continuent néanmoins à être composées principalement de fossés. (T. Neville George, "Fossils in Evolutionary Perspective", Science Progress, vol. 48, janvier 1960, p. 1)

CENOZOIC
Georgia Fossils
CENOZOIC
Ladds Quarry

LE *CŒLACANTHE* FIT TAIRE LES SPECULATIONS A PROPOS DES FOSSILES

Le cœlacanthe est un grand poisson d'environ 1,5 mètre de long. Son corps est couvert d'écailles, rappelant une cuirasse. Il appartient à la classe des ostéichthyes des poissons osseux, dont les plus anciens fossiles remontent au dévonien soit à 408 à 360 millions d'années.

Avant 1938, les fossiles de cœlacanthes servaient de solution à une difficulté majeure pour les évolutionnistes. Ils n'avaient pas trouvé la moindre trace parmi les millions voire les milliards de formes intermédiaires qui sont supposées avoir existé. Les évolutionnistes avaient besoin d'une preuve pour appuyer la prétendue transition des vertébrés de la mer vers la terre. C'est pourquoi ils utilisèrent pour leur propagande le fossile de cœlacanthe dont l'anatomie était idéalement adaptée à leur scénario. Ils virent dans les nageoires de cette créature des "pattes sur le point de saillir" et dans sa vessie natatoire remplie de graisse "un poumon primitif". Le cœlacanthe était littéralement un sauveur pour les évolutionnistes en manque de preuve. Les évolutionnistes avaient enfin mis la main sur "l'un" des nombreux liens manquants qui auraient dû être de l'ordre de millions.

Le célèbre évolutionniste français, le Dr Jacques Millot, qui consacra des années d'études au cœlacanthe décrivit comment les évolutionnistes se cachèrent derrière cette unique preuve :

> L'un des problèmes majeurs de l'évolution a été de trouver des liens anatomiques entre les poissons et leurs descendants qui envahirent les terres... Très longtemps les évolutionnistes furent gênés par ce fossé ma-

Ce fossile de cœlacanthe, découvert dans la formation Solnhofen en Allemagne, est âgé de 145 millions d'années.

J.L.B. Smith, posant avec le deuxième cœlacanthe péché au large des Comores en 1952

jeur entre les poissons et les amphibiens. Mais ce fossé a été désormais comblé par les études des anciens poissons et c'est là que le cœlacanthe entre en scène.[21]

Cependant, l'engouement évolutionniste fut de courte durée puisqu'un spécimen vivant de cœlacanthe fut capturé par des pécheurs en 1938. Cette découverte infligea un revers terrible aux évolutionnistes. James Leonard

Brierley Smith, enseignant au département de chimie de l'Université de Rhodes et également directeur honoraire de divers musées de poissons de la côte sud de l'Angleterre exprima son étonnement suite à la capture du cœlacanthe :

> Bien que je me fusse préparé, cette première rencontre fut comme une explosion incandescente et je me suis senti tout tremblant et étrange, mon corps frissonnait. C'était comme si j'avais été frappé par une pierre. Oui, il ne faisait pas l'ombre d'un doute, chaque écaille, chaque os, chaque nageoire, c'était bien le véritable cœlacanthe.[22]

La découverte de ce lien manquant que l'on croyait autrefois avoir des liens proches avec les prétendus ancêtres de l'homme, sous la forme d'un fossile vivant constitua un désastre considérable pour les cercles darwinistes. La plus importante preuve présumée de la théorie de l'évolution venait soudainement de s'effondrer. Le candidat le plus probable dans la transition fictive de la mer vers la terre s'avéra être un être vivant excessivement complexe existant aujour-

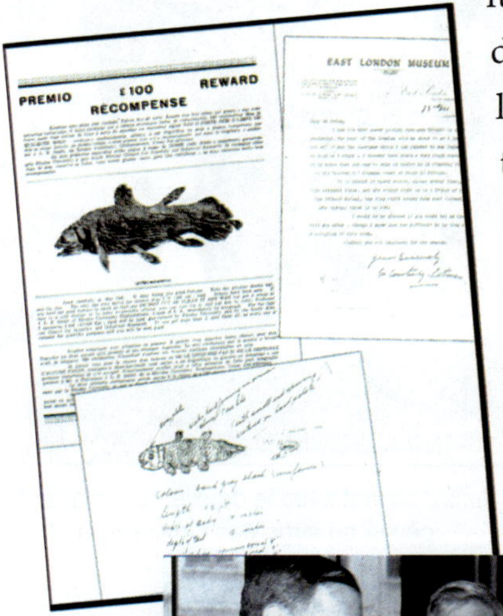

La photo ci-dessous montre J.L.B. Smith avec un coelacanthe capturé vivant. A côté, ce sont les lettres envoyées à Smith, du Musée de Londres Est (East London Museum) à ce sujet et un communiqué qu'il émit à l'attention des autres chasseurs cœlacanthe.

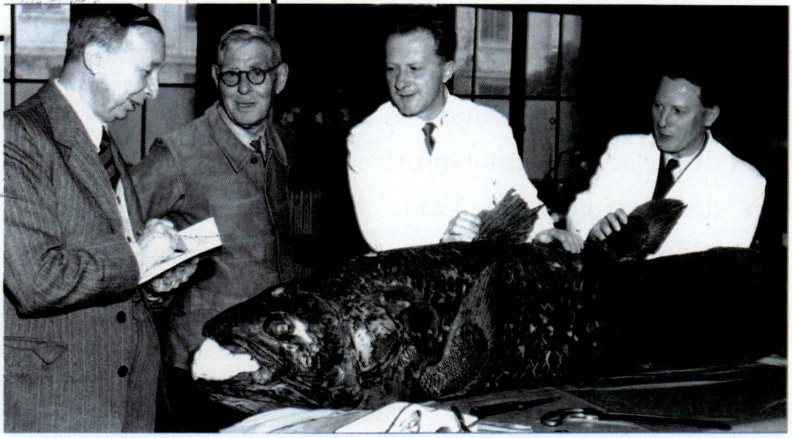

UN FOSSILE DE COELACANTHE DE 410 MILLIONS D'ANNEES

De nombreux cœlacanthes vivants furent capturés après 1938. On apprit alors que ces poissons vivaient dans les eaux profondes des océans et qu'ils ne s'aventuraient pas au dessus de 180 mètres de profondeurs. Il fut alors révélé que le cœlacanthe n'étaient pas, comme le prétendaient les darwinistes, une forme intermédiaire, mais "un fossile vivant" ayant survécu sans avoir subi le moindre changement depuis 400 millions d'années.

LE COELACANTHE EST UN POISSON VIVANT DANS LES FONDS DES EAUX PROFONDES

d'hui encore dans les eaux profondes et ne présentant pas la moindre caractéristique de forme intermédiaire. Ce spécimen vivant assena un coup dur à la théorie de l'évolution de Darwin.

Lorsque le poisson fut présenté à la presse au milieu du mois de mars 1939, des articles relayèrent l'information dans les magazines et les journaux du monde entier, de New York au Sri Lanka. Des illustrations à échelle réelle de la créature furent imprimées dans le Illustrated London News. La photo était agrémentée d'un article du Dr E.I. White du British Museum, intitulé "L'un des plus étonnants évènements dans le domaine de l'histoire naturelle au 20ème siècle". L'article qualifiait la découverte de sensationnelle et estimait que la découverte était aussi surprenante que la découverte d'un spécimen vivant du dinosaure Diplodocus de 2,5 mètres de long du mésozoïque.[23]

J. L. B. Smith mena de nombreuses investigations à propos du cœlacanthe les années qui suivirent, y consacrant littéralement sa vie. Il conduisit des recherches dans diverses régions du monde afin de trouver un cœlacanthe dans les fonds marins et d'examiner ses organes internes en détail. (Puisque le premier cœlacanthe péché ne lui fut soumis que longtemps après l'événement, il avait été impossible de préserver ses organes internes.)

Un second cœlacanthe fut capturé plus tard. Mais le poisson mourut rapidement après avoir été retiré des eaux profondes dans lesquelles il vivait pour être ramené vers les eaux de surface plus chaudes. Il fut néanmoins possible d'examiner ses organes internes. La réalité mise à jour par l'équipe d'investigation dirigée par le Dr Jacques Millot était fort différente de toutes les attentes. Les organes internes du poisson n'avaient, en effet, rien de primitif. Il ne présentait pas non plus les caractéristiques d'une forme intermédiaire, ni celles d'un ancêtre soi-disant primitif. Il n'avait pas de poumon primitif. Ce que les évolutionnistes avaient longtemps pris pour un poumon primitif était en réalité une vessie natatoire remplie de graisse.[24]

Par ailleurs, ce poisson, sensé être le précurseur des reptiles sur le point d'émerger sur la terre ferme s'avéra être un animal vivant dans les profondeurs des océans, ne s'aventurant jamais au-dessus de 180 mètres de profondeur.[25] L'amener à des eaux moins profondes fut fatal pour lui. Par conséquent, selon le Dr. Millot, cette créature qui aurait dû représenter le lien manquant était dépourvue des caractéristiques primitives d'une forme de vie supposée avoir subi un processus d'évolution.[26] En d'autres termes, le cœlacanthe n'était pas une forme intermédiaire. Il s'agit simplement d'un poisson vivant dans les profondeurs des océans et dont les traits complexes sont inchangés depuis les 400 derniers millions d'années.

Dans un article publié dans le magazine Nature, le paléontologue évolutionniste Peter Forey formula les propos suivants :

> La découverte du Latimeria (le nom scientifique du cœlacanthe) souleva l'espoir de recueillir une information directe de la transition entre les poissons et les amphibiens, car on croyait alors fermement que les cœlacanthes étaient proches des ancêtres des tétrapodes… Mais les études

de l'anatomie et de la physiologie du Latimeria ont révélé que cette théorie de la relation laissait à désirer et que la réputation du cœlacanthe vivant en tant que lien manquant semblait non justifiée.[27]

Tous les cœlacanthes étudiés dans leur habitat naturel confirmèrent ce fait, de manière encore plus explicite. L'idée que la créature avaient des nageoires en voie de changement afin de pouvoir marcher perdit tout son sens. Le biologiste allemand évolutionniste Hans Fricke de l'Institut de Max Planck dit :

> Je l'admets. Je suis désolé que nous n'ayons jamais pu voir un cœlacanthe marcher sur ses nageoires.[28]

Pour les darwinistes, l'existence et le nombre de fossiles vivants représentaient un dilemme en soi. Mais lorsque le cœlacanthe – qu'ils avaient décrit comme une forme intermédiaire et qu'ils avaient largement utilisé comme preuve de l'évolution dans leur propagande – s'avéra être un autre fossile vivant, le problème prit davantage d'ampleur.

Cette affaire balaya toutes les théories développées par les évolutionnistes à propos des fossiles vivants. Les darwinistes prétendaient qu'une forme de vie devait être "généralisée" pour qu'elle demeure inchangée. Donc pour rester identique, une créature devait pouvoir vivre dans n'importe quel environnement et se nourrir n'importe comment. Mais avec le cœlacanthe, ils se trouvèrent face à une espèce hautement complexe et "spécialisée". Le cœlacanthe vit dans des eaux profondes, c'est-à-dire dans un environnement spécifique et se nourrit à sa manière. En d'autres termes toutes les hypothèses le concernant étaient fausses.

Comment ce poisson a-t-il pu surmonter les changements sur terre au cours de sa propre histoire et rester ainsi inchangé ? Selon les évolutionnistes, les continents subirent des transformations il y a 250 millions d'années – et auraient donc dû avoir un effet sur le cœlacanthe qui existait alors déjà depuis 150 millions d'années. Pourtant, mystérieusement, et en dépit des modifications de son environnement, l'animal ne présenta aucune altération.

Le magazine *Focus* décrivit la situation : d'après les faits scientifiques, tous les continents ne formaient qu'un bloc, il y a 250 millions d'années. Cette immense zone de terre était entourée d'un unique océan géant. Il y a 125 millions d'années, l'Océan Indien s'ouvrit suite au mouvement des continents. Les caves volcaniques de l'Océan Indien, qui forment une grande partie de l'habitat naturel des cœlacanthes, apparurent sous l'influence du mouvement des continents. Une vérité importante émerge à la lumière de tous ces faits. Ces animaux existant depuis quelques 400 millions d'années sont restés identiques en dépit des nombreux changements dans leur environnement naturel ![29]

La connaissance de ces faits clôt toute possibilité de débat. L'immuabilité de ce poisson durant des millions d'années prouve bien

Un fossile de cœlacanthe de 240 millions d'années découvert à Madagascar

qu'il n'a jamais évolué. Dans son ouvrage *The story of the coelacanth* (L'histoire du cœlacanthe), le Professeur Keith S. Thomson a son opinion sur la question :

> Par exemple, le plus ancien cœlacanthe *(Diplocercides)* possédait un organe rostral (terme utilisé par les zoologistes pour désigner le sac rempli d'une substance de type gelée dans le crâne et les six tubes qui y sont rattachés), une articulation du crâne spéciale, une corde épinière creuse et quelques dents. De la même manière, cela montre que le groupe est resté pratiquement inchangé depuis le dévonien (pendant 400 millions d'années). Cela révèle également un immense fossé dans les archives fossiles, puisqu'il manque la chaîne des fossiles ancêtres montrant l'apparition de toutes les caractéristiques communes observées chez tous les cœlacanthes.[30]

Le fossile représenté montre que la fossilisation a conservé le détail des écailles du cœlacanthe. Sur le côté, on peut voir une écaille de cœlacanthe. En dépit des centaines de millions d'années écoulées, aucun changement ne s'est produit au niveau de la structure du cœlacanthe.

NOUVELLE INFORMATION CONCERNANT LE CŒLACANTHE

La plus récente découverte concernant la structure complexe du cœlacanthe continue à représenter un problème pour les évolutionnistes. Le Professeur Michael Bruton, directeur du célèbre JLB Smith Institute of Icthyology de l'Afrique du Sud émet les propos suivants concernant les caractéristiques complexes des cœlacanthes découverts :

> La naissance est l'un des traits complexes de cette créature. Les cœlacanthes mettent au monde leurs petits en leur donnant naissance. Les œufs de la taille d'une orange éclosent à l'intérieur du poisson. On a également découvert que les jeunes sont nourris grâce à un organe dans le corps de la mère similaire au placenta. En plus de fournir aux jeunes de l'oxygène et de la nourriture, le placenta a également la fonction d'éliminer les déchets de la respiration et de la digestion des corps des bébés. Les embryons fossilisés depuis le carbonifère (il y a 360 à 290 millions d'années) montrent que ce système complexe existait longtemps avant l'apparition des mammifères.[31]

La découverte de la sensibilité du cœlacanthe aux courants électromagnétiques autour de lui indique la présence d'un organe sensoriel complexe. Suite à l'étude des nerfs reliant l'organe rostral du poisson à son cerveau, les scientifiques s'accordent à dire que cet organe est responsable de la détection des courants électromagnétiques. Le fait que cet organe parfait soit présent même chez les plus anciens fossiles de cœlacanthes soulève une difficulté que les évolutionnistes sont incapables d'éluder.

Le problème fut décrit dans le magazine *Focus* :

> D'après les fossiles, les poissons firent leur apparition, il y a environ 470 millions d'années. Le cœlacanthe apparut 60 millions d'années après. Il

est étonnant que cette créature chez qui on pouvait s'attendre à trouver des caractéristiques très primitives, présente en réalité une structure des plus complexes.[32]

Les évolutionnistes s'attendaient à un processus progressif d'évolution. L'apparition du cœlacanthe avec ses structures complexes, à une époque où devraient vivre des formes de vie primitives selon les évolutionnistes, est certes déstabilisante. Pourtant, pour les individus rationnels, capables de comprendre que Dieu créa tous les êtres vivants avec leurs structures complexes dans la forme et au moment de Son choix, il n'y a là rien d'étonnant. Les spécimens parfaits créés par Dieu sont des moyens par lesquels nous pouvons apprécier Sa puissance et Son pouvoir.

Un cœlacanthe capturé et congelé en 1966 apporta une nouvelle information à propos du sang de l'animal. En dehors des cœlacanthes, tous les poissons osseux (ostéichtyes) pourvoient à leur besoin en eau en buvant de l'eau de mer et en éliminant l'excès de sel de leur corps. Cependant, le système du cœlacanthe ressemble à celui des poissons cartilagineux *(chondrichtyens)*, comme les requins par exemple. Le requin convertit l'ammoniaque issue des protéines cassées dans l'urée et maintient un niveau d'urée dans le courant sanguin qui serait fatal aux êtres humains. Il ajuste le niveau de ces substances dans son sang selon la salinité de l'eau environnante. Puisque le sang s'approprie un niveau isotonique avec l'eau de mer autour (comme les pressions osmotiques internes et externes sont égalisées, atteignant une intensité égale), aucune eau ne s'échappe à l'extérieur.

On découvrit que le foie du cœlacanthe possédait les enzymes nécessaires à la production d'urée. En d'autres termes, il dispose de propriétés sanguines uniques que l'on ne retrouve chez aucun autre membre de sa classe. Ces propriétés n'apparurent que des dizaines de millions d'années plus tard chez les requins – membres d'une classification entièrement différente.[33] Tout ceci contribue à montrer que le cœlacanthe, présenté comme le plus grand lien dans l'évolution pré-

Les darwinistes éprouvèrent un grand choc lorsqu'un cœlacanthe vivant fut capturé. Ils durent alors une fois de plus faire face à la remise en question scientifique de leur théorie.

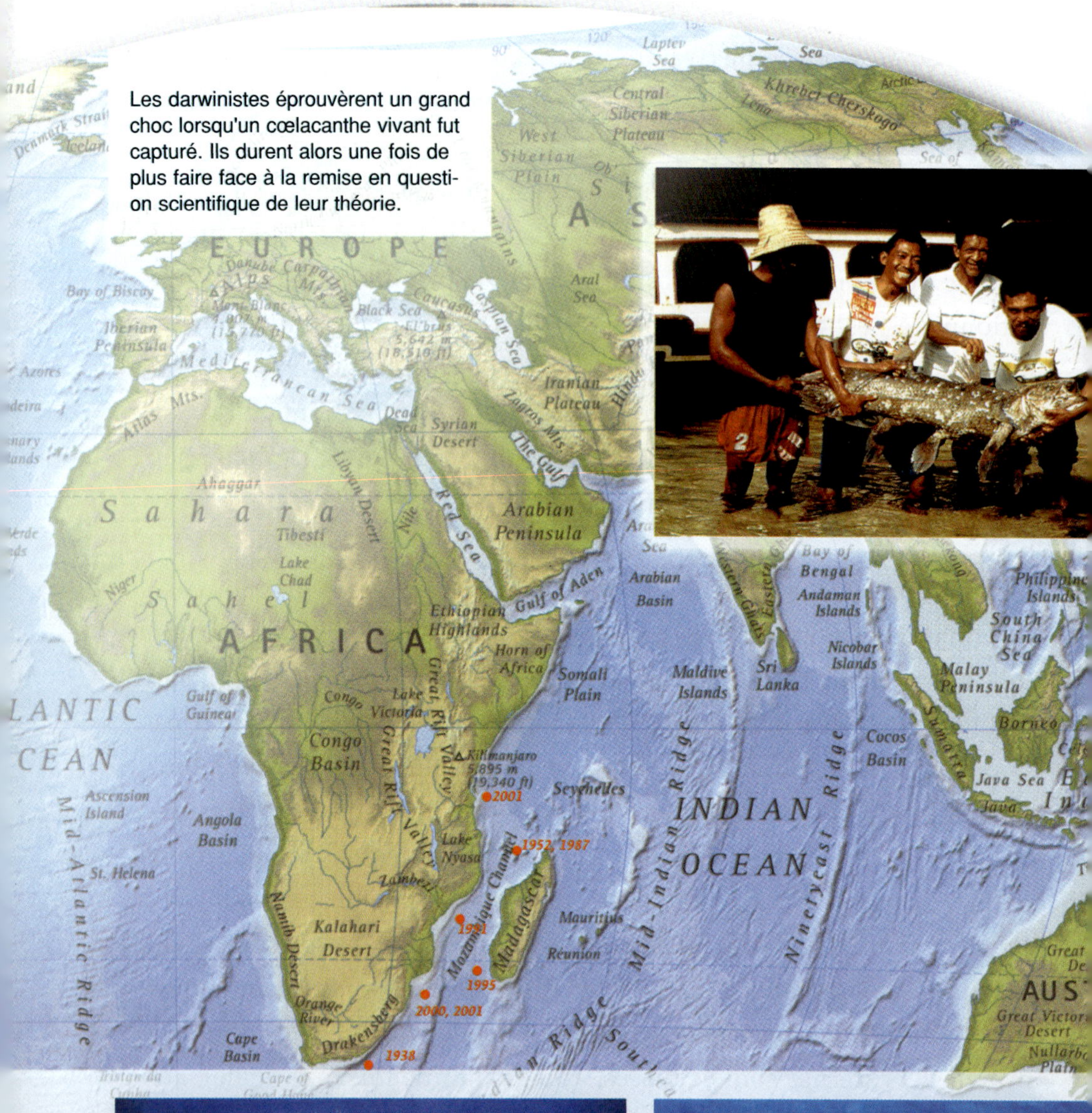

tendue des êtres vivants, réfute toutes les affirmations évolutionnistes, comme tous les spécimens encore vivant aujourd'hui.

Cet exemple dévoile clairement le type de propagande à grande échelle dont les évolutionnistes sont capables. A partir d'un simple fossile, ils furent capables de disséminer leurs idées fausses sans la moindre preuve concrète. Même après la capture d'un cœlacanthe vivant, ils refusèrent d'abandonner leur théorie et virent dans le spécimen vivant "une nageoire en voie de changement pour lui permettre de marcher". Ils ne trouvèrent, en outre, aucune preuve que le cœlacanthe, dont les traits complexes pointent clairement vers la création, était une forme intermédiaire.

Ils cherchèrent à fabriquer des preuves contre Dieu, mais Il les anéantit une à une. Il ne reste par conséquent plus que la preuve de l'immaculée création.

LE POINT DE DEPART DE L'EQUILIBRE PONCTUE

Les successeurs de Darwin firent d'énormes efforts pour détecter dans les archives fossiles des exemples de l'évolution lente et graduelle qu'il prévoyait. Darwin avait justifié leur absence par l'"insuffisance des fossiles archivés". Les fossiles – qui fournissaient en fait déjà une vaste gamme de spécimens à son époque et qui montrent l'existence de toutes les formes de vie complexes depuis l'explosion cambrienne – continuaient à être le sujet de recherche des évolutionnistes espérant découvrir un miracle. Leur objectif était de prouver que Darwin avait raison, de démontrer que les fossiles de son époque étaient réellement insuffisants et de dénicher des exemples de formes intermédiaires, preuves de l'évolution des êtres vivants.

Niles Eldredge

Or, les fossiles ont constamment produit des résultats différents des attentes de Darwin. Puisque la quasi-totalité de la terre

Une illustration factice

fut passée au crible, les nouveaux fossiles exhumés n'étaient plus "insuffisants". Darwin avait tort lorsqu'il pensait que ses successeurs finiraient par trouver les formes intermédiaires. Au contraire, les faits révélèrent que d'innombrables êtres vivants n'avaient subi aucun processus d'évolution, qu'ils étaient restés identiques pendant des millions d'années, conservant leurs nombreuses caractéristiques complexes. Les archives fossiles s'opposent aux propos de Darwin. Le manque de formes intermédiaires et la stagnation n'appuient en rien la conception d'évolution graduelle.

Certains évolutionnistes clairvoyants admirent que le modèle d'évolution progressive de Darwin ne tenait pas la route face à la réalité de la stagnation. Ils suggérèrent alors que l'évolution "avait opéré de manière différente". En 1970, Stephen Jay Gould, paléontologue de l'Université d'Harvard et Niles Eldredge du Musée Américain d'histoire naturelle développèrent une théorie alternative, qu'ils publièrent en 1972 sous le nom d'"évolution ponctuée". Leur unique objectif était d'expliquer le phénomène de stagnation.

"Les formes intermédiaires" sensées porter les caractéristiques de deux espèces différentes n'ont jamais existé à aucun moment.

En fait, cette théorie n'est rien moins qu'une adaptation de la théorie du "monstre prometteur" avancée dans les années trente par le paléontologue européen Otto Schindewolf. Il suggérait que les êtres vivants avaient évolué suite à des mutations soudaines et spectaculaires plutôt que par l'accumulation progressive de petits changements. En citant un exemple hypothétique de sa théorie, Schindewolf supposait que le premier oiseau de l'histoire naquit d'un œuf de reptile, à travers une "mutation brute", en d'autres termes, une énorme mais aléatoire modification dans la structure génétique.[34] Selon la même théorie, les mammifères terrestres ont pu se transformer soudain en baleines suite à une altération soudaine et globale.

Ces affirmations violent toutes les lois connues de la génétique, de la biophysique et de la biochimie et ne sont pas plus scientifiques que les contes de fées où le crapaud se transforme en un beau prince. Pourtant, cette théorie du "monstre prometteur" fut adoptée et défendue dans les années 1940 par le généticien Richard Goldschmidt de l'Université de Californie, Berkeley. Mais la théorie était si peu cohérente qu'elle fut vite abandonnée.

L'impulsion qui obligea Gould et Eldredge à reprendre cette théorie est née de l'absence de formes intermédiaires dans les archives fossiles. La stagnation et l'apparition soudaine dans les données fossiles étaient si évidentes que ces deux chercheurs furent forcés de remodeler la théorie du "monstre prometteur" pour expliquer la situation. Le célèbre article de Gould intitulé "Le retour des monstres prometteurs" était une expression de ce revirement forcé.[35]

Naturellement, Eldredge et Gould ne répétèrent pas la théorie de Schindewolf mot à mot. Afin de lui donner une allure plus scientifique, ils cherchèrent à développer une sorte de mécanisme au "saut évolutionniste soudain" qu'ils proposaient. (La notion intéressante de "équilibre ponctué" qu'ils donnèrent à leur théorie était une expression de cette tentative scientifique.) Leur théorie fut adoptée et étayée par d'autres paléontologues durant les années suivantes. Cependant, cette théorie ponctuée de l'évolution était au moins tout autant affaiblie par les incohérences et l'absence de logique que la théorie originale de l'évolution progressive de Darwin.

Les défenseurs de l'évolution progressive ignoraient la stagnation. Néanmoins la stagnation est constamment manifeste dans les archives fossiles, prouvant ainsi que les êtres vivants sont identiques depuis des millions d'années. La seule différence entre Gould et Eldredge et les autres darwinistes se situe dans le fait que les deux scientifiques avaient compris que la stagnation dans les archives fossiles était un élément incontestable qu'il n'était plus possible de continuer à ignorer. Aussi au lieu d'admettre le fait de la création, ils se sentirent contraints de développer un nouveau concept d'évolution.

Stephen Jay Gould disait à ce sujet :

> Mais comment l'imperfection peut-elle expliquer la stagnation (l'équilibre de l'équilibre ponctué) ? L'apparition brusque peut enregistrer une absence d'information, mais la stagnation est une donnée. Eldredge et moi-même étions si frustrés par l'échec de nombreux collègues à saisir ce point évident – bien qu'un quart de siècle de débat subséquent ait fini par faire accepter nos hypothèses (alors que beaucoup d'autres points de l'équilibre ponctué restent controversés) – que nous avons incité à l'incorporation de cette petite phrase comme un mantra ou une devise. Répétez-là dix fois chaque jour avant le petit-déjeuner pendant une semaine et l'argument s'infiltrera par osmose : "la stagnation est une donnée, la stagnation est une donnée… [36]

Gould, Eldredge et les autres avocats de l'évolution ponctuée critiquèrent avec virulence les défenseurs de l'évolution graduelle parce qu'ils ne prenaient pas en compte la réalité de la stagnation. Mais en réalité, leur manière d'agir ne variait pas de celle des autres darwinistes. Puisque les archives fossiles ne produisaient pas les résultats escomptés, ils changèrent la forme de la soi-disant évolution pour en élaborer une autre de manière très détaillée. La raison principale de leur colère et de leurs critiques intenses à l'égard des adhérents de l'évolution progressive tient au fait que tant que leurs collègues professionnels n'acceptaient pas la stagnation dans les archives fossiles, ils feraient perdre toute crédibilité de la théorie aux yeux du public. C'est pourquoi, ils tentèrent de donner l'impression qu'ils avaient découvert une vérité dans les faits clairs révélés par les fossiles.

Le fait est, cependant, que le modèle d'évolution ponctuée est au moins aussi dépourvu de base et de preuves, et discrédité que la théorie de l'évolution graduelle.

Quant à "la perspective erronée dans le passé", Gould reconnaît qu'il s'agit de critiques à l'intention des défenseurs de l'évolution graduelle :

> Nous avions depuis longtemps connaissance de la stagnation et de l'apparition abrupte, mais avions choisi de nous en débarrasser sous le motif d'archives fossiles insuffisantes.[37]

Comme le décrit Niles Eldredge, les avocats de l'évolution graduelle ignoraient un point très important:

> Les paléontologues depuis Darwin ont cherché (principalement en vain) les séquences de fossiles progressant insensiblement qui serviraient d'exemple de la transformation de gros des espèces que Darwin avait envisagée comme le produit naturel du processus évolutionniste. Peu virent des raisons de soulever des objections – alors qu'il est un fait ren-

Ce fossile de tortue de 120 millions d'années est la preuve que les tortues ne descendent pas d'autres êtres vivants, qu'elles n'ont jamais subi des étapes intermédiaires de transformation et qu'elles présentent la même structure depuis des millions d'années.

versant que … la plupart des espèces restent bien identiques, quasiment inchangées à travers leur occurrence dans les sédiments géologiques des diverses ères.[38]

Niles Eldredge et l'archéologue Ian Tattershall du Musée Américain d'histoire naturelle soulignèrent comment l'idée de l'évolution de Darwin avait été réfutée par la stagnation dans les archives fossiles :

La prédiction de Darwin du changement rampant, bien que graduel, affectant toutes les lignées à travers le temps est réfutée. Les données sont là, et les données parlent d'une conservation anatomique formidable. Le changement à la manière escomptée par Darwin n'existe tout simplement pas dans les archives fossiles.[39]

Ailleurs, Stephen Jay Gould décrivit comment la stagnation, preuve de la non-évolution, était ignorée par les adhérents de l'évolution :

> La stagnation, ou l'absence de changement, de la plupart des espèces de fossiles sur de longues durées géologiques était tacitement reconnue par tous les paléontologues, mais presque jamais étudiée explicitement, parce que la théorie prévalant traitait la stagnation comme une non-preuve inintéressante de la non-évolution. ... La domination écrasante de la stagnation devint une caractéristique embarrassante des fossiles, qu'il valait mieux ignorer comme une manifestation de rien (c'est-à-dire la non-évolution).[40]

Tous les efforts de Gould et Eldredge consistaient à adapter le concept théorique de l'évolution aux archives fossiles réelles. Pour cette raison, ils suggérèrent que la stagnation elle-même était la preuve la plus importante de leurs positions évolutionnistes. D'une certaine manière, ils considéraient la nature stable des fossiles comme une preuve de changement ! Puisqu'ils ne pouvaient pas réconcilier les fossiles avec la théorie de l'évolution, ils adaptèrent la théorie aux fossiles. C'était l'état d'esprit lancé par le modèle de l'évolution ponctuée.

Dans un article dans le *New Scientist*, Tom S. Kemp, conservateur des collections zoologiques du musée de l'Université d'Oxford, décrivit comment les découvertes avaient été transformées en preuve en faveur de la théorie de l'évolution, comme c'est précisément le cas de l'évolution ponctuée :

> En d'autres termes, lorsque les processus supposés de l'évolution ne concordèrent pas avec le schéma des fossiles qu'ils étaient supposés avoir générés, le schéma fut jugé faux. Un argument circulaire surgit : interpréter les fossiles en termes d'une théorie de l'évolution particulière, inspecter l'interprétation et remarquer qu'elle confirme la théorie. Elle allait effectivement la confirmer, n'est-ce pas ?[41]

D'après les défenseurs du modèle ponctué de l'évolution, la stagnation chez les fossiles représentaient l'"équilibre" dans la théorie définie comme l'équilibre ponctué. La théorie soutient que sous des pressions environnementales, une espèce peut avoir évolué en un laps de temps aussi court que quelques milliers d'années. Elle serait ensuite entrée dans une période de stagnation et serait restée inchangée pendant des millions d'années.

Par conséquent, les défenseurs croyaient que cette idée expliquerait la stagnation chez une grande partie des êtres vivants. De cette manière, ils pensaient avoir relevé le défi posé à l'évolution par les fossiles. Mais il s'agissait plutôt d'une sérieuse duperie.

Le mécanisme de ponctuation

Dans son état actuel, la théorie ponctuée de l'évolution explique les populations vivantes ne présentant aucun changement sur de très longues périodes comme étant restées dans une sorte d'"équilibre". Selon cette idée, les changements de l'évolution ont lieu sur de toutes petites populations à de très courts intervalles qui interrompent – ou en d'autres termes, "ponctuent" l'équilibre. Puisque la population est si étroite, la sélec-

tion naturelle favorise largement les mutations et l'émergence d'une nouvelle espèce est ainsi rendue possible.

Selon cette théorie, une espèce de reptiles, par exemple, peut rester inchangée pendant des millions d'années. Cependant, un petit groupe de reptiles se séparant de son espèce est soumis à une série de mutations intenses inexpliquées. Ces mutations octroient à ces individus certains avantages (alors qu'il n'existe aucun exemple de mutation bénéfique). Ils sont rapidement sélectionnés. Le groupe de reptiles évolue rapidement et peut même se transformer en mammifères. Puisque ce processus entier se produit si rapidement chez un nombre relativement petit de créatures au cours d'une période courte, peu voire aucune trace fossile ne demeure.

Comme le révèle un examen minutieux, cette théorie fut proposée en réponse à la question : "Comment un processus d'évolution peut-il se produire si rapidement qu'il ne laisse aucune trasce fossile ?" En réponse, la théorie énonce deux hypothèses fondamentales :

1. Les macromutations – en d'autres termes les mutations à grande échelle causant des changements majeurs dans l'information génétique des êtres vivants – confèrent un avantage et produisent également de nouvelles données génétiques.
2. Les populations animales étroites ont un avantage génétique.

Or, ces deux hypothèses sont en contradiction avec les données scientifiques.

L'erreur des macromutations

Comme nous venons de le voir, le modèle ponctué de l'évolution suppose que des mutations conduisant à des spéciations se produisent à une très vaste échelle ou que certaines espèces individuelles soient exposées à une succession de mutations séquentielles. Cependant, cette hypothèse s'oppose à toutes les données observées en génétique.

R. A. Fischer, l'un des plus célèbres généticiens de ce siècle, établit une règle basée sur l'expérience et l'observation qui invalide cette hypothèse. Dans son livre *The genetical theory of natural selection* (La théorie génétique de la selection naturelle), Fischer rapporte que toute capacité des mutations à survivre chez une population est inversement proportionnelle à son effet sur le phénotype.[42] Autrement dit, plus la mutation est grande, moins elle a de possibilité d'être permanente dans une communauté.

La raison n'est pas difficile à voir. Les mutations représentent des changements aléatoires dans les données génétiques d'un être vivant. Elles n'ont jamais pour effet d'améliorer l'information génétique. Au contraire, les individus mutants souffrent toujours de maladies et de handicaps graves. Par conséquent, plus un individu est affecté par la mutation, moindre seront ses probabilités de survie.

Ernst Mayr, biologiste évolutionniste de l'Université d'Harvard et l'un des avocats les plus passionnés du darwinisme, formule le commentaire suivant :

> L'occurrence de monstruosités génétiques par la mutation... est bien établie, mais il s'agit de monstres si évidents que ceux-ci ne peuvent qu'être qualifiés de "désespérés". Ils sont si complètement déséquilibrés qu'ils n'auraient pas la moindre chance d'échapper à l'élimination par la sélection de stabilisation... plus une mutation affecte le phénotype de manière drastique, plus il y a de chance qu'elle réduise l'adaptation. Croire qu'une telle mutation drastique puisse produire un nouveau type viable, capable d'occuper une nouvelle zone adaptative équivaut à croire aux miracles... La découverte d'un partenaire convenable à ce "monstre désespéré" et l'établissement

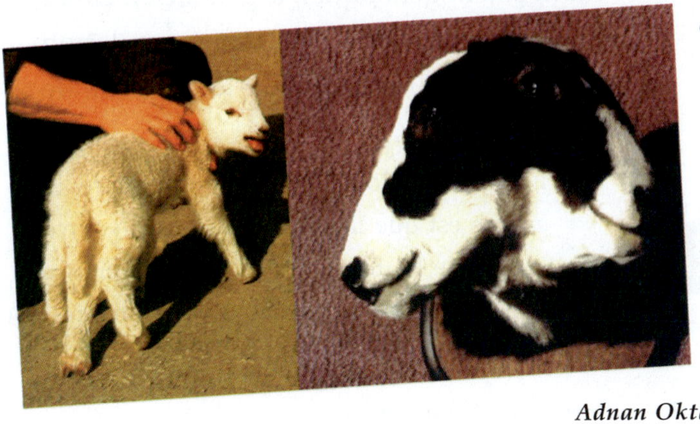

> d'une isolation reproductive des membres normaux de la population parentale me semblent être des difficultés insurmontables.[43]

Evidemment, les mutations n'engendrent pas le développement évolutionnaire – qui se pose en obstacle insurmontable pour la théorie ponctuée de l'évolution. Puisque la mutation est destructrice, les êtres subissant les macromutations proposées par les défenseurs de l'évolution souffriraient d'effets "macrodestructeurs". Certains évolutionnistes sont convaincus des mutations se produisant dans les gènes régulateurs dans l'ADN. Mais l'effet destructeur qui s'applique aux autres mutations s'applique également dans ce cas-ci. Le problème se situe dans le caractère aléatoire de la mutation et tout changement génétique dans une structure aussi complexe que l'information génétique aura des conséquences dommageables.

Dans leur ouvrage *The natural limits to genetic change* (Les limites naturelles dans le changement génétique), le généticien Lanes Lester et le généticien de population Raymond Bohlin décrivent le dilemme de la mutation :

> Le facteur global qui revient encore et encore est que la mutation reste la source ultime de toutes les variations génétiques dans tous les modèles évolutionnistes.

Insatisfaits des perspectives de l'accumulation de petites mutations, nombreux sont ceux qui se tournent vers les macromutations pour expliquer l'origine des nouveautés évolutionnaires. Les monstres prometteurs de Goldschmidt sont, en effet, de retour. Cependant, bien que les macromutations de nombreuses espèces produisent des changements drastiques, la grande majorité sera incapable de survivre, sans parler de laisser des marques d'une complexité croissante. Si les mutations structurelles des gènes sont inadéquates à cause de leur incapacité à produire suffisamment de changements significatifs, alors les mutations régulatrices et de développement semblent encore moins utiles à cause de la probabilité supérieure de conséquences non adaptatives voire destructrices… Mais une chose semble sûre : actuellement, la thèse selon laquelle les mutations, grandes ou petites, sont capables de produire des changements biologiques illimités est plus un article de foi qu'un fait.[44]

L'observation et l'expérience montrent que les mutations peuvent altérer, et non pas améliorer, les informations génétiques et qu'elles causent des dommages chez les êtres vivants. Il est incohérent pour les défenseurs de l'évolution ponctuée d'en attendre un quelconque "succès".

L'erreur des populations étroites

Le second concept sur lequel insistent les défenseurs de l'évolution ponctuée est celui de "populations étroites". Ils affirment qu'une nouvelle espèce se forme seulement chez les communautés avec un nombre très restreint de membres (animaux ou végétaux). D'après cette hypothèse, les grandes populations d'animaux ne présentent aucun développement évolutionnaire et peuvent maintenir leur stagnation. Or, si de petits groupes quittent ces populations, ils s'isolent (généralement on suppose que c'est pour des raisons géographiques) et peuvent se reproduire uniquement entre eux. Les macromutations affecteraient alors ces petits groupes parce que justement ils ne reproduisent qu'entre eux, et c'est ainsi qu'une spéciation rapide a lieu.

Pourquoi les défenseurs de l'évolution ponctuée insistent-ils sur le concept de populations étroites ? La réponse est évidente : leur objectif est "d'expliquer" le manque de formes intermédiaires dans les archives fossiles. C'est pourquoi ils insistent sur le fait que "les changements liés à l'évolution ont eu lieu chez des populations très étroites et très rapidement, c'est pourquoi des traces insuffisantes ont été laissées dans les archives fossiles."

En réalité, les expériences et les observations scientifiques récentes ont démontré qu'en termes génétiques, les populations étroites sont un désavantage pour l'évolution. Au lieu de se développer de sorte à donner naissance à une espèce robuste, les populations étroites génèrent, en fait, de sérieux défauts génétiques. Cela tient au fait que chez les petites populations, les individus se croisent continuellement, se reproduisant au sein d'un bassin génétique étroit. Aussi, les individus hétérozygotes deviennent-ils de plus en plus "homozygotiques". Leurs gènes défectifs normalement récessifs deviennent dominants et les défauts et les maladies génétiques apparaissent au sein de la population.[45]

Dans le cadre d'une étude sur la question, des poules furent observées pendant 35 ans. Les observations établirent que les poules restées dans une population étroite devenaient de plus en plus faibles en termes génétiques. La production descendit de 100% à 80% ; les taux de reproduction chutèrent de 93% à 74%. Mais à travers l'intervention consciente de l'homme – avec l'intégration de poules d'autres populations – cette contradiction génétique fut renversée de sorte que la population de base de poules ait recommencé à aller vers la normalité.[46]

Ces données et d'autres du même genre montrent qu'il n'est nullement prouvé scientifiquement que les populations étroites sont la source de développement évolutionniste, derrière lequel les adhérents de l'évolution ponctuée cherchent refuge. James W. Valentine et Douglas H. Erwin ont souligné l'impossibilité de la formation de nouvelles espèces suite à des mécanismes d'évolution ponctuée :

> La rapidité requise des changements implique soit quelques grandes étapes soit de plus petites étapes excessivement rapides. Les grandes étapes équivalent à des saltations et soulèvent le problème de barrières d'adaptation ; les petites étapes peuvent être nombreuses et entraînent les problèmes discutés sous la microévolution. Les périodes de stagnation augmentent la possibilité que la lignée entre dans les archives fossiles, et nous réitérons que nous ne pouvons identifier aucune de ces formes intermédiaires postulées. Finalement, le grand nombre d'espèces qui doit être généré pour former un bassin, à partir duquel la lignée efficace est sélectionnée n'existe nulle part. Nous concluons que la probabilité que la sélection d'espèces soit une solution générale à l'origine de taxons supérieurs n'est pas grande et qu'aucune des théories concourantes du changement évolutionnaire au niveau des espèces, le gradualisme phylétique ou l'équilibre ponctué ne semble applicable à l'origine des plans d'un nouveau corps.[47]

Un fossile d'étoile de mer de 150 millions d'années montrant que les échinodermes n'ont absolument pas changé depuis des millions d'années.

L'équilibre ponctué est une déception majeure pour les évolutionnistes

Aujourd'hui, le mécanisme fictif de l'équilibre ponctué a totalement été discrédité en termes scientifiques. Il fut prouvé que les êtres vivants ne peuvent pas évoluer à travers les mécanismes en question. Comme l'a affirmé Jeffrey Levinton de l'Université d'état de New York, il n'y a aucun moyen de tester la théorie de la formation des espèces en question, si elle n'est pas clairement visible dans les archives fossiles. Sur cette base, Levinton conclut que "la totalité des preuves montre qu'il est inutile de donner suite à cette théorie".[48]

Ce point est évidemment juste. Le postulat constituant la base de

Ce fossile d'omiscos de 50 millions d'années ne présente pas la moindre différence avec les spécimens vivant aujourd'hui.

Il n'y a pas de différence entre les homards d'aujourd'hui et ce fossile de 208 à 146 millions d'années.

la théorie a été réfuté scientifiquement. Mais plus importante encore est l'absence totale dans les archives fossiles de la moindre preuve d'équilibre ponctué ; au contraire, elle démolit le concept. Des millions de fossiles sont en état d'"équilibre" que les évolutionnistes disent durer depuis des millions d'années, comme le suggère l'équilibre ponctué. Pourtant, mystérieusement, il n'existe absolument aucune trace de l'intervention de l'évolution qui – encore une fois selon la théorie – aurait dû durer des milliers d'années, au moins. Les archives fossiles ne fournissent pas le moindre exemple des innombrables créatures vivantes ayant subi l'évolution attendue. Ni la moindre preuve laissant entendre comment l'équilibre ponctué fonctionne. En raison de leur situation désespérée, les évolutionnistes tentent d'utiliser l'une des plus grandes preuves de la création comme base de l'évolution. Cela démontre clairement la précarité de leur position ! Comment une théorie aussi peu cohérente a-t-elle pu devenir si populaire ? En fait, presque tous les défenseurs de l'équilibre ponctué sont des paléontologues, clairvoyants dans la réfutation de la théorie darwiniste par les archives fossiles.

C'est pourquoi ils sont littéralement dans un état de panique, essayant de rendre leur théorie viable à tout prix.

D'autre part, les généticiens, les zoologues et les anatomistes reconnaissent qu'aucun mécanisme dans la nature ne peut engendrer des "ponctuations", aussi continuent-ils à défendre la théorie graduelle de l'évolution. Richard Dawkins, zoologiste à l'Université d'Oxford critique sévèrement les adhérents du modèle ponctué de l'évolution et les accuse de détruire la crédibilité de la théorie dans son ensemble.

Ce dialogue peu concluant entre les deux parties illustre la crise scientifique dans laquelle la théorie de l'évolution est tombée. Nous avons là un mythe qui ne peut être réconcilié par aucune observation, aucune découverte expérimentale ni paléontologique. Tous les théoriciens évolutionnistes cherchent des raisons de soutenir ce mythe, selon leur propre domaine de spécialisation, mais se trouvent en conflit avec les découvertes d'autres branches de la science. Des tentatives sont parfois entreprises pour masquer cette confusion au moyen de commentaires superficiels tels que "la science avance à travers des débats académiques". Pourtant le problème est que ces débats ne sont pas des exercices mentaux effectués dans le but d'aboutir à une théorie scientifique vraie, car ils se limitent à des conjectures dogmatiques supposées soutenir une théorie fausse. Le fait est que les théoriciens évolutionnistes révèlent par inadvertance que les archives fossiles ne peuvent être réconciliées avec le concept de l'évolution peu importe la manière. La stagnation, l'un des éléments les plus impor-

Ces insectes dotés des techniques de vol extraordinaires possèdent la même structure d'ailes qu'ils possédaient il y a 125 millions d'années. Ils n'ont subi aucune évolution.

tants dans les fossiles, est clairement visible. Gould y fait référence en ces termes :

La stagnation, traduite inévitablement comme une absence d'évolution, avait toujours été traitée comme un non sujet. N'est-il pas étrange de définir le plus commun de tous les phénomènes paléontologiques comme une question dénuée d'attention ou d'intérêt ?[49]

Tous les darwinistes ont été désormais contraints d'admettre la stagnation dans les archives fossiles, même s'ils sont encore réticents à la voir, la repoussant délibérément en arrière et refusant de l'accepter comme donnée. Le manque de documentation sur les fossiles ayant subi l'évolution – en d'autres termes l'absence de formes intermédiaires – a balayé toutes les spéculations à propos de la stagnation et révélé clairement qu'il s'agit d'une preuve significative de la création. L'équilibre ponctué a totalement été discrédité, à la fois par les mécanismes mêmes qu'il propose et par les archives fossiles qu'il cherche à mettre en avant en tant que preuve.

LES FOSSILES CAMBRIENS ET LA CREATION DES ESPECES

Les strates terrestres les plus anciennes dans lesquelles les fossiles de formes de vie complexe apparaissent sont celles de l'ère cambrienne, remontant à 543 à 490 millions d'années. Dans les strates plus vieilles que le cambrien, aucun fossile d'êtres vivants n'a été découvert, en dehors des organismes uni-cellulaires. Pendant le cambrien, toutefois, une variété de formes de vie distinctes fit soudainement son apparition. Plus de trente formes de vie (les oursins, les étoiles de mer, les trilobites, les escargots et les poissons) apparurent à la même période.

Par ailleurs, contrairement aux hypothèses de la théorie de l'évolution, toutes les formes de vie nées si spontanément présentent des

structures physiques hautement complexes et non “rudimentaires”.

Selon la théorie erronée de l'évolution, des formes de vie plus sophistiquées ont dû évoluer d'autres formes plus primitives. Pourtant, il n'existe pas de formes de vie complexes antérieures à celles du cambrien. Ces formes de vie cambriennes sont toutes apparues soudainement, sans prédécesseurs plus anciens. Le zoologue anglais Richard Dawkins, l'un des plus célèbres défenseurs de la théorie de l'évolution reconnaît que :

> C'est comme si les créatures cambriennes étaient juste plantées là, sans la moindre histoire évolutionniste.[50]

Ce fait invalide irrévocablement la théorie de l'évolution. Parce que dans L'origine des espèces, Darwin écrivit :

> Si des espèces nombreuses, appartenant aux mêmes genres ou aux mêmes familles, avaient réellement apparu tout à coup, ce fait anéantirait la théorie de l'évolution par la sélection naturelle.[51]

Le coup fatal appréhendé par Darwin vint de la période cambrienne, avec le début des archives fossiles.

De nouvelles formes de vie firent leur apparition de façon soudaine avec des structures complètes et parfaites au cours des ères qui succédèrent au cambrien. Des groupes de base tels que les poissons, les amphibiens, les reptiles, les oiseaux et les mammifères émergèrent sur terre à un moment unique et sous des formes parfaites. Ils ne

Œil de trilobite

UN FOSSILE DE TRILOBITE DE 380 MILLIONS D'ANNEES

Les trilobites apparaissent en abondance au cambrien. Ils vivaient dans plusieurs régions du monde.
Les trilobites ont des yeux tout à fait étonnants. Ils sont composés de nombreuses petites unités séparées. Chaque lentille perçoit une image indépendante, puis toutes ces images sont combinées de sorte à créer une image d'ensemble. La recherche a déterminé que l'œil du trilobite est composé de quelques 3000 lentilles, ce qui signifie donc que cette créature percevait plus de 3000 images. Cette découverte souligne à quel point l'œil et le cerveau du trilobite était déjà parfait il y a environ 530 millions d'années. Une structure aussi achevée ne peut en aucun cas être le résultat de l'évolution.

comptent parmi eux aucune forme intermédiaire tant espérée par les évolutionnistes.

Ce fait révélé par les archives fossiles montre que les êtres vivants n'ont pas évolué d'un stade simple vers un stade plus complexe, que ce soit sur le plan fonctionnel ou physique, mais qu'ils ont été créés par Dieu. L'évolutionniste Mark Czarnecki avoue que :

> Un problème majeur dans la démonstration de la théorie a été les archives fossiles ; les empreintes des espèces disparues préservées dans les formations géologiques de la terre. Ces archives n'ont jamais révélé les traces des variantes intermédiaires hypothétiques de Darwin – au lieu de cela des espèces apparaissent... abruptement, et cette anomalie a alimenté l'argument créationniste selon lequel chaque espèce fut créée par Dieu.[52]

LES TITRES VANTANT "LA DECOUVERTE DE CHAINON MANQUANT" SONT UNE FRAUDE NON-SCIENTIFIQUE

S'il vous est déjà arrivé de lire un gros titre de journal annonçant la découverte d'un "chaînon manquant", alors vous pouvez être sûr que l'article n'a pas de valeur scientifique. Les scientifiques sérieux ont depuis longtemps abandonné l'idée des "chaînons manquants" et reconnu qu'il était non-scientifique de faire des conjectures évolutionnistes basées sur les fossiles.

Henry Gee, paléontologue et éditeur du journal scientifique Nature, écrit à ce sujet dans son livre datant de 1999 In search of deep time (A la recherche des temps profonds) :

> Etant donné le bavardage omniprésent des journalistes et des auteurs de gros titres à propos de la recherche d'ancêtres et la découverte des chaînons manquants, il peut paraître surprenant que la plupart des paléontologues professionnels ne pensent pas à l'histoire de la vie en termes de scénarios ou de récits, et qu'ils rejetaient le mode narratif de l'histoire évolutionniste en raison de sa nature non-scientifique depuis plus de trente ans.[53]

Ces articles persistants à propos des chaînons manquants visent à donner l'impression qu'une simple découverte confirmera l'hypothèse qu'une espèce est issue d'une autre. Pourtant les fouilles entreprises depuis plus d'un siècle ont totalement ébranlé les attentes concernant la découverte de formes intermédiaires. L'éminent paléontologue A.S. Romer le reconnaissait déjà en 1963 :

Les chaînons sont manquants précisément là où nous les désirons le plus ardemment [pour indiquer la transition entre les espèces] et il n'est que trop probable que de nombreux chaînons continueront à être manquants.[54]

Les paléontologues ont ajouté à leur "liste des manquants" les chaînons manquants. Leurs propres aveux sont toutefois contraires à l'impression que certains médias souhaitent donner. Niles Eldredge et Ian Tattersall n'ont pas l'air d'attente positive des médias :

L'un des mythes les plus répandus de toute la paléontologie… est le mythe que les histoires évolutionnistes des êtres vivants sont essentiellement une question de découverte. … Mais si c'était réellement le cas, on pourrait s'attendre avec assurance à ce que l'histoire de l'évolution humaine devienne plus claire à mesure des découvertes de fossiles hominidés. Or si quelque chose se produit, c'est effectivement le contraire.[55]

Les restes humanoïdes les plus anciens découverts

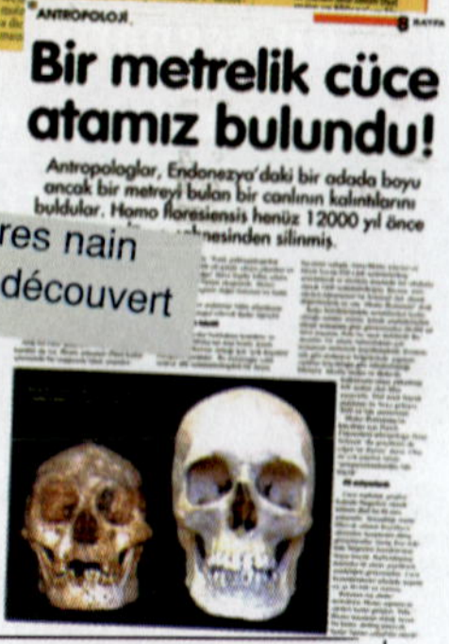

Un de nos ancêtres nain d'un mètre a été découvert

Homofloresiensis, la dernière preuve de l'évolution

Un troisième spécimen entre les dinosaures et les oiseaux, découvert en Chine

Les articles pro-darwinistes dont la parution est relativement fréquente dans les médias évolutionnistes relèvent de la conjecture et de la propagande. Ces articles tentent de masquer l'effondrement du darwinisme.

Pour résumer, le chaînon manquant n'est pas une créature dans l'attente d'être découverte, mais une idée que les paléontologues ont depuis longtemps abandonnée et qui ne peut pas être soumise à une étude véritablement scientifique. Par conséquent, pourquoi est-ce le sujet d'une propagande aussi insistante ?

La réponse à cette question se trouve dans la vision du monde épousée par la théorie de l'évolution. Les matérialistes et les athées tentent de garder en vie la théorie de Darwin depuis sa mise en avant au milieu du 19ème siècle. Bien que la théorie soit basée sur un scénario totalement imaginaire, les matérialistes saisirent l'opportunité pour en faire une hypothèse censément scientifique.

Mary Midgley, penseuse évolutionniste, s'exprime ainsi :

> [la théorie de l'évolution] est, et ne peut s'empêcher d'être, également un puissant conte populaire à propos des origines humaines. ... Des suggestions sur notre mode de fabrication et notre provenance vont nécessairement impliquer notre imagination, former nos opinions sur ce que nous sommes maintenant et affecter nos vies.[56]

A la fin de son manuel de biologie Life on earth (La vie sur terre), le biologiste darwiniste Edward O. Wilson fait cet aveu sur l'évolution :

> Chaque génération a besoin de ses propres mythes de création, et ceux-là sont les nôtres.[57]

La propagande du "chaînon manquant" est, par conséquent, une duperie visant à maintenir en vie le mythe évolutionniste à propos des origines ainsi que son influence. La propagande évolutionniste est le moyen principal par lequel les matérialistes propagent leurs opinions. Le concept de "chaînon manquant" est la clé de la traçabilité de toutes les espèces vers des ancêtres communs selon Darwin. Plus les évolutionnistes parviennent à garder leur concept sous les feux de la rampe, plus ils peuvent espérer de soutien pour leurs opinions matérialistes. Leurs efforts visent précisément à distraire l'attention publique de l'effondrement du darwinisme en recourrant à des gros titres portant sur "les chaînons manquants".

En dépit des meilleurs efforts des médias évolutionnistes, les fossiles qu'ils décrivent ne sont pas des chaînons manquants et ne confirment nullement la théorie de l'évolution. Ces nouvelles constituent uniquement des spéculations non-scientifiques portant sur la découverte de fossiles d'espèces éteintes. Pourtant, cette propagande n'ôte rien au fait que les scientifiques évolutionnistes eux-mêmes admettent que le concept de chaînon manquant est dépourvu de fondement scientifique et qu'il n'y a pas de traces de formes intermédiaires dans les archives fossiles. Ces dernières révèlent clairement que l'évolution n'a jamais eu lieu.

En dépit des meilleurs efforts des médias évolutionnistes, les fossiles qu'ils décrivent ne sont pas des chaînons manquants et ne confirment nullement la théorie de l'évolution.

LA FORMULE ILLOGIQUE ET NON-SCIENTIFIQUE DE DARWIN

Quand il est question du sujet de l'évolution, beaucoup s'imaginent que ce problème relève de la science et que le darwinisme n'est pas accessible aux individus moins savants que les scientifiques. Ils supposent qu'il est inutile de discuter le concept, pour ou contre. Les darwinistes s'évertuent à employer des termes latins et scientifiques peu parlants pour le public profane afin justement d'encourager cette idée. Ils se lancent dans des descriptions complexes, recourent à la démagogie et aux slogans creux dans le but de donner l'impression qu'ils discutent de questions hautement scientifiques.

La formule du darwinisme : Eau et boue + longue période de temps + pleins de coïncidences = Civilisation

Alors qu'en réalité, l'idée de base du darwinisme est totalement non-scientifique et sa faiblesse logique est évidente même pour un élève de l'école primaire. Selon le darwinisme, la première cellule se serait formée mystérieusement sur la terre primitive, dans un bassin d'eaux boueuses. De cette unique cellule, une série interminable de coïncidences aurait donné naissance à des animaux,

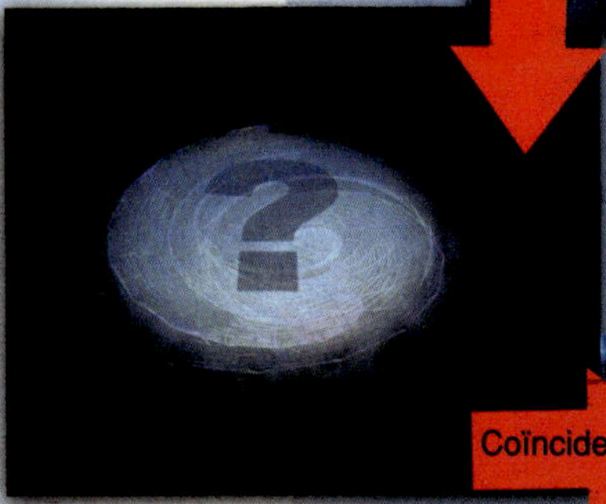

des plantes, des êtres humains et des civilisations. Toute l'humanité, ainsi que le règne végétal et le monde animal sont donc supposés être l'œuvre de l'équation idéale entre une certaine quantité de boue, une longue période de temps et une abondance de coïncidences.

D'après les darwinistes vraisemblablement dépourvus d'un sens logique, ces matériaux inconscients auraient donné naissance à des êtres humains doués de raison et de conscience, des êtres capables de penser, d'aimer, d'éprouver de la compassion, de faire preuve de jugement, de créer des toiles et des statues, de composer des symphonies, d'écrire des romans, de construire des gratte-ciels, des réacteurs nucléaires, de faire des découvertes médicales, de se lancer dans la politique... Ils prétendent qu'avec suffisamment de temps, les lions, les tigres, les lapins, les cerfs, les éléphants, les chats, les chiens, les papillons, les mouches, les crocodiles et les oiseaux sont nés accidentellement d'une eau boueuse. Toute une gamme de fruits et de légumes, aux saveurs et aux odeurs uniques – les oranges, les fraises, les bananes, les pommes, le raisin, les tomates, les poivrons – et les fleurs à l'aspect incomparable seraient nés de la même boue.

Depuis l'époque de Darwin, d'innombrables journaux, magazines, films et programmes télévisés répètent le scénario évolutionniste selon lequel la vie serait née par hasard de la boue. En d'autres termes, si vous demandiez à un darwiniste : "Comment est née notre civilisation ?" ou "D'où provient une telle variété de formes de vie ?" ou "Comment est née l'humanité ?", sa réponse sera : "Les coïncidences donnèrent naissance à toutes ces choses, dans la boue, sur une longue période de temps."

Il faudrait être évidemment dépourvu de raison ou manquer d'aptitude à comprendre pour croire à un tel conte. Pourtant, cette théorie irrationnelle et illogique a ses adhérents depuis des années et continue à se propager sous couvert scientifique.

Les mensonges du darwinisme ont été démasqués

La théorie de l'évolution avancée dans les conditions rudimentaires du 19ème siècle a été réfutée par les progrès de la science et de la technologie. Il est désormais reconnu que les idées de Darwin sont totalement irréalistes. La sélection naturelle et les mutations, supposés être les mécanismes moteurs du processus de l'évolution, n'ont pas les effets envisagés par les darwinistes. En d'autres termes, il leur est impossible de donner lieu à de nouvelles espèces.

Le dernier coup porté au darwinisme provient des archives fossiles. Darwin s'imaginait que les millions de formes de vie différentes étaient la descendance d'un seul ancêtre commun. Des traces dans les archives fossiles – document irréfutable de l'histoire naturelle – de ce

Les crocodiles sont un exemple de fossiles vivants. Ils sont apparus pourvus de leurs caractéristiques physiques complètes. Ils ont survécu jusqu'à aujourd'hui sans avoir subi le moindre changement en l'espace de 100 millions d'années (certains fossiles de crocodiles remontent même jusqu'à 140 millions d'années). L'exacte ressemblance entre le fossile de crocodile datant de 100 millions d'années en photo et leurs congénères actuels souligne une fois de plus l'inexistence de la théorie de l'évolution.

supposé ancêtre primitif et des formes de vie en découlant doivent permettre de vérifier cette affirmation. Si tous les mammifères descendent des reptiles, comme le prétendent les évolutionnistes, alors les vestiges d'êtres mi-mammifères/mi-reptiles devraient être disponibles dans les archives fossiles. A ce jour, des millions de fossiles appartenant à une grande variété d'espèces ont été mis au jour au cours de fouilles, sans qu'aucun ne témoigne de la transition entre les espèces. Chaque fossile découvert montre systématiquement que tous les êtres vivants sont nés soudainement, avec des caractéristiques complètes. Il témoigne en somme que toutes les espèces végétales et animales sont le produit de la création.

Confrontés à ce fait, les évolutionnistes réagissent au moyen de mensonges. Ils n'hésitent donc pas à créer des contrefaçons de fossiles artificiels faisant honte à la paléontologie. Ils tentent de tromper le public en manipulant d'authentiques fossiles de formes de vie éteintes et en inventant une série de scénarios imaginaires.

Le plus célèbre scénario est celui de "l'évolution du cheval". Des fossiles appartenant à des espèces totalement différentes ayant vécu en Inde, en Amérique du Nord et du Sud et en Europe furent arrangés par ordre croissant de taille au gré de l'imagination des évolutionnistes. A ce jour, les chercheurs ont plus de 20 versions différentes de l'évolution équine.

Ils ne parviennent pas à se mettre d'accord sur l'arbre généalogique du cheval, si ce n'est sur le tout premier ancêtre du cheval : une créature proche du chien, l'Eohippus (ou Hyracotherium) ayant vécu durant l'ère éocène. Cependant, l'Eohippus, éteint depuis des millions d'années, s'avère être pratiquement identique au daman, qui n'a rien d'un cheval et n'a aucune parenté avec cette espèce.[58]

De plus, il a été établi que des races de chevaux vivant aujourd'hui ont été découvertes dans les mêmes strates rocheuses que l'Eohippus.[59] Ce qui signifie que le cheval et son supposé ancêtre coexistèrent à la même époque et que le cheval n'a jamais subi de processus dit d'évolution.

L'invalidité de la "série équine" proposée par les évolutionnistes s'applique aux oiseaux, aux poissons, reptiles et mammifères, bref à tous les êtres vivants et à leurs supposés ancêtres et arbres généalogiques. Il a été déterminé, en effet, que toutes les espèces fossilisées présentées comme l'ancêtre d'autres espèces sont soit une forme de vie indépendante éteinte soit le résultat d'une manipulation des fossiles en question par les évolutionnistes.

L'arrangement présentant la soi-disant évolution du cheval n'est pas scientifique puisqu'il est le produit de l'imagination des évolutionnistes. Il s'agit en fait de la juxtaposition de fossiles d'espèces ayant vécu dans diverses régions du globe et à plusieurs époques différentes. Aucun processus évolutionniste ne les relie parce qu'un tel processus n'a jamais existé.

Au moyen de crânes de singes d'espèces éteintes et de plusieurs races humaines passées, les évolutionnistes cherchent à établir un arbre généalogique imaginaire. Or, les preuves scientifiques bouleversent leur entreprise.

Le jeu de satan a été révélé

Le darwinisme a été démasqué comme le mensonge le plus étonnant et le plus répandu de l'histoire mondiale. Miraculeusement des millions d'individus, comme hypnotisés se sont laissés emporter par cette duperie et influencer par les idées illogiques du darwinisme. Le soutien apporté à la théorie de l'évolution et l'acceptation dont elle a bénéficié sont le résultat de tours joués à l'humanité par satan.

Récemment encore, personne n'avait le courage de dévoiler la ruse de satan ni de rendre les faits réels publics. Mais au cours de ce siècle, la réponse à ce mensonge a enfin été exposée en détails, de sorte que le public est désormais pleinement conscient de la tournure des événements. Avec la volonté de Dieu, l'effondrement du darwinisme est entré dans une phase de non-retour. C'est la raison fondamentale de la panique dans les rangs de l'empire global darwinien.

CONCLUSION

Pourquoi, dans *L'origine des espèces*, Darwin se réfère-t-il aux fossiles vivants comme source de grandes difficultés ? Pourquoi, face à tous ces fossiles, les scientifiques évolutionnistes ont-ils ressenti le besoin d'abandonner leurs idées à propos de l'évolution pour fabriquer une nouvelle théorie ? Pourquoi la capture d'un spécimen vivant de cœlacanthe a-t-elle causé la déception, réduisant au silence les évolutionnistes qui avaient placé tous leurs espoirs dans cet animal ? Qu'est-ce qui, dans les fossiles vivants, a précipité la chute des darwinistes ?

Les fossiles vivants déclarent ouvertement le fait de la création.

La déception des darwinistes tient à leur dévouement idéologique pour leur théorie. En fait, ils ont vu leur théorie s'écrouler, mais ils l'ignorèrent tout en restant parfaitement conscients de cet échec. Cet échec s'illustre par leur recours à des méthodes trompeuses pour se couvrir. Au lieu d'admettre le fait de la création tangible chez les fossiles vivants, ils utilisent des théories illogiques et irrationnelles dénuées de preuves scientifiques. Ils cherchent à dissimuler les spécimens de fossiles vivants et à éliminer les millions d'exemples, puisant de la fierté dans les spécimens fabriqués de leurs mains – indication claire de leurs craintes. Les musées exhibent de nombreuses reconstitutions fabriquées et présentent des formes de vie hautement complexes telles que le cœlacanthe comme des exemples de formes intermédiaires, mais conservent dans des coffres, loin des yeux des visiteurs, les espèces de fossiles existant encore aujourd'hui. N'est-ce pas de nature à susciter les interrogations ? Qu'y a-t-il de scientifique dans le fait d'adapter les preuves à une théorie, lorsque la théorie n'est pas prouvée ?

De quel droit les évolutionnistes suggèrent-ils que leurs idées sont prouvées et scientifiques, bien qu'ils ne disposent pas du moindre argument ? Pourquoi les preuves scientifiques qu'ils apportent les embarrassent-elles au lieu de les soutenir ? Qu'est-ce qui pousse les évolutionnistes à défendre leur théorie, en dépit du poids écrasant des preuves contraires ?

Le darwinisme est une religion et un système de valeurs faux, voilà pourquoi. Il s'agit d'un dogme qui ne peut jamais être nié. Il constitue la base de la philosophie matérialiste qui soutient que la matière existe depuis toujours et que rien n'existe en dehors de la matière. C'est pourquoi, bien que de toutes les nouvelles découvertes scientifiques réfutent davantage la théorie, de tels efforts sont entrepris pour entretenir cette idéologie. Cependant, ceux-ci arrivent à leur terme. Les méthodes trompeuses du darwinisme et de ses adhérents ont échoué. Les preuves contraires à l'évolution s'accumulent de jour en jour. De nouvelles preuves de la création apparaissent constamment, détruisant les espoirs des évolutionnistes et les forçant à produire de nouvelles explications trompeuses.

Les fossiles vivants réduisent au silence les darwinistes, qui cachent discrètement ces preuves dans les coffres des musées. Avec ces méthodes, ils espèrent dissimuler la manifestation de l'art sublime de Dieu. Le fait est, néanmoins, que Dieu est Celui qui crée toute chose, qui sait tout ce qu'elles oeuvrent et qui les maintient sous Sa règle à tout moment. Dieu voit les darwinistes établir leurs plans contre Lui. Dieu les observe alors qu'ils tentent de dissimuler Son art créatif sublime. Il écrit tout ce qu'ils font pour nier Son existence. Et, qu'ils soient croyants ou non, conscients ou inconscients, ils seront amenés en Sa présence dans l'au-delà.

Les darwinistes ne se doutent pas que Dieu défiera et décevra ceux qui luttent contre Lui. C'est la loi de Dieu qui dominera.

L'existence des fossiles vivants est une preuve sublime créée par Dieu afin d'éliminer toutes les stratégies darwinistes et révéler leurs fraudes. A mesure qu'ils luttent contre la vraie foi, les darwinistes oublient que Dieu en créé également les preuves. Ils sont en état de défaite depuis le début. L'enseignement de la théorie de l'évolution dans les écoles, la spéculation à propos des idées évolutionnistes par les divers médias, et le soutien des scientifiques sont tous des phénomènes temporaires. Comme le révèle le verset : **"Bien au contraire, Nous lançons contre le faux la vérité qui le subjugue, et le voilà qui disparaît. Et malheur à vous pour ce que vous attribuez !"** (Sourate al-Anbiya, 18), Dieu terrassera toutes les fausses croyances.

Les darwinistes sont aujourd'hui paniqués par tout ceci. Tout est si évident que ceux qui croient au darwinisme doivent rapidement essayer de voir les preuves de la création et éviter de se laisser prendre par la fausse religion de la théorie de l'évolution. Ils doivent se rendre compte que Dieu, Créateur du monde dans sa perfection, détient également le pouvoir de créer la vie éternelle dans l'au-delà, parce que les êtres humains ne connaîtront le salut qu'en voyant et en reconnaissant cette vérité. La théorie de l'évolution qui incite les hommes à renier Dieu, leur unique Sauveur, et qui lutte pour survivre à travers des

mensonges constants est une perte de temps et une source de déception terrible. Au lieu de s'en rendre compte à regret dans l'au-delà, voir la vérité dans ce monde, avec toutes ses preuves évidentes, mènera au salut dans ce monde et l'au-delà.

Qu'en est-il de Celui Qui observe ce que chaque âme acquiert ? Et pourtant ils donnent des associés à Dieu ! Dis : "Nommez-les. Ou essayez-vous de Lui apprendre ce qu'Il ne connaît pas sur la terre ? Ou avez-vous été simplement séduits par de faux noms ?" En fait, on a embelli aux incroyants leur stratagème et on les a empêchés de prendre le droit chemin. Et quiconque Dieu laisse égaré n'a plus personne pour le guider. Un châtiment les atteindra dans la vie présente. Le châtiment de l'au-delà sera cependant plus écrasant et ils n'auront nul protecteur contre Dieu. Tel est le paradis qui a été promis aux pieux : sous lequel coulent les ruisseaux ; ses fruits perpétuels, ainsi que son ombrage. Voilà la fin de ceux qui pratiquent la piété, tandis que la fin des incroyants sera le feu. (Sourate ar-Raad, 33-35)

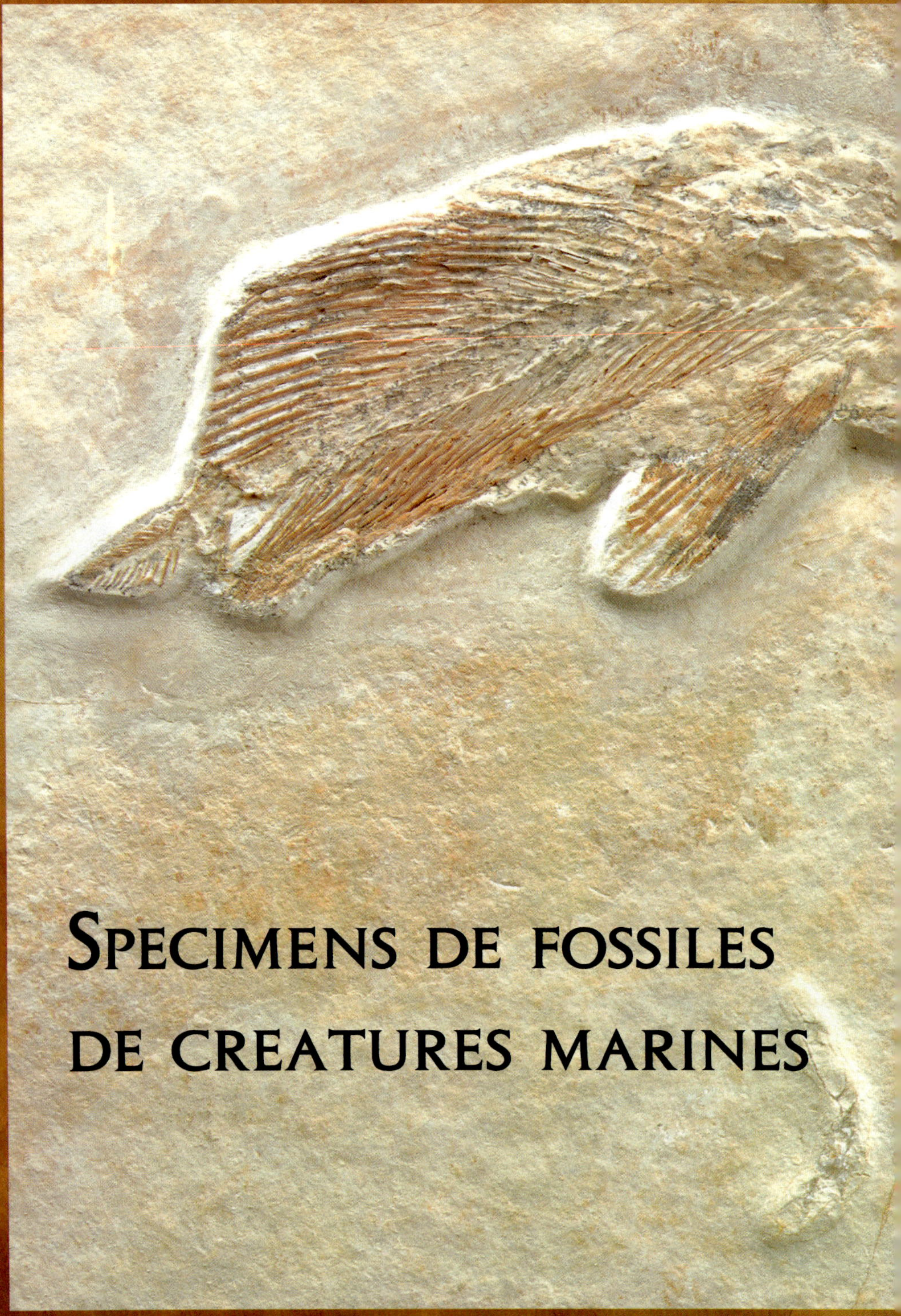

SPECIMENS DE FOSSILES DE CREATURES MARINES

Cœlacanthe
Période : Jurassique
Age : 145 millions d'années
Localisation : Allemagne

Sardine

Période : Eocène

Age : 54 à 37 millions d'années

Localisation : Etats-Unis

Si les affirmations des évolutionnistes étaient justes, alors les fossiles de sardines devraient présenter des différences considérables avec leurs homologues contemporains. Les fossiles de sardines devraient porter les signes du prétendu processus évolutionniste revendiqué par les darwinistes. Or, aucune trace de cet ordre n'a jamais été découverte, ni chez les sardines, ni chez les autres êtres dans la nature, parce que, contrairement à ce que veulent nous faire croire les évolutionnistes, la vie n'est pas le produit de coïncidences aveugles.

Les étoiles de mer vivent généralement dans les fonds marins et parfois même jusqu'à 7.000 mètres de profondeur. Les évolutionnistes sont démunis face à ces échinodermes dont les traits sont restés inchangés depuis près d'un demi-milliard d'années. Ces créatures sont les mêmes depuis, non pas 10 millions, ni 100 millions, ni même 200 millions mais bien 500 millions d'années.

Si les hypothèses évolutionnistes étaient justes, alors les étoiles de mer auraient dû depuis longtemps s'être transformées en d'autres formes de vie en 500 millions d'années. En outre, on aurait dû trouver des fossiles de nombreuses créatures insolites à mi chemin entre l'étoile de mer et d'autres invertébrés. Or rien de tel n'existe dans les archives fossiles.

Comme le prouve cette étoile de mer datant de 500 millions d'années, les étoiles de mer ont toujours existé en tant qu'étoiles de mer, elles ne descendent pas d'une autre forme de vie et ne se sont pas non plus transformées en une autre espèce.

Etoile de mer

Période : Ordovicien

Age : 490 à 443 millions d'années

Localisation : Maroc

Hareng

Période : Eocène

Age : 54 à 37 millions d'années

Localisation : Etats-Unis

"Les fossiles vivants" indiquent que les espèces n'évoluèrent pas mais furent créées. Les espèces n'aboutirent pas à leur structure corporelle accidentellement, comme l'affirment les évolutionnistes. Elles furent toutes créées par Dieu Tout-Puissant. Elles ont toujours vécu sous la forme où elles furent créées.

Le fossile de hareng ici représenté en est une illustration. Les harengs demeurent identiques depuis des millions d'années, dans leur forme et leur structure originelles. Comme tous les fossiles, ce fossile révèle que la théorie de l'évolution repose sur des mensonges.

Poisson aiguille

Période : Crétacé

Age : 95 millions d'années

Localisation : Liban

Si l'on proposait que les êtres vivants descendent les uns des autres, alors nous devrions disposer d'un grand nombre de fossiles présentant les caractéristiques de deux formes de vie différentes (comme une créature mi-poisson aiguille/mi-hareng, ou une créature mi-baleine/mi-requin ou mi-truite/mi-crocodile). Or aucun spécimen n'est disponible. Darwin voyait dans cette absence de preuve un dilemme majeur, même après avoir avancé sa théorie. C'est pourquoi il écrivit dans le chapitre "Des difficultés sur la théorie" dans son livre L'origine des espèces :

Si les espèces dérivent d'autres espèces par des degrés insensibles, pourquoi ne rencontrons-nous pas d'innombrables formes de transition ? Pourquoi tout n'est-il pas dans la nature a l'état de confusion ? Pourquoi les espèces sont-elles si bien définies ?... Mais pourquoi ne trouvons-nous pas fréquemment dans la croûte terrestre les restes de ces innombrables formes de transition qui, d'après cette hypothèse, ont dû exister ? (Charles Darwin, L'origine des espèces, GF Flammarion, Paris, 1992, pp. 223, 225)

Corail

Période : Dévonien

Age : 350 millions d'années

Localisation : Maroc

Corail

Période : Jurassique

Age : 150 millions d'années

Localisation : Allemagne

Les coraux (anthoz aires) sont des organismes invertébrés dont l'existence remonte au cambrien (543 à 490 millions d'années) et dont de nombreux fossiles datent de l'ordovicien (490 à 443 millions d'années).

Il existe plusieurs types de coraux : mou, épineux, corné et vrai. Les lits de corail sont le résultat de l'accumulation de squelettes de coraux à un certain sur des milliers d'années.

Les coraux vivent seuls ou en colonies. Ils ont tendance à vivra dans les mers chaudes, attachés à de gros roches bien quel les coraux libres fraîchement éclos sont rares.

Les coraux sont problématiques pour le darwinisme étant donné l'absence de changement dans leur structure sophistiquée depuis des centaines de millions d'années. Comme tous les autres êtres vivants, les coraux sont la sublime oeuvre de notre Seigneur.

Anguille

Période : Crétacé

Age : 95 millions d'années

Localisation : Liban

Il est impossible de mettre la main sur le moindre spécimen d'ancêtre d'une quelconque espèce animale dans les archives fossiles.

Les fossiles montrant que les anguilles ont toujours existé en tant qu'anguilles sont légion ; en revanche, aucun ne peut faire office d'ancêtre de l'anguille. Cette situation délicate pour les évolutionnistes est reconnue par de nombreux scientifiques.

Le professeur Rudolf A. Raff, président de l'Institut de biologie moléculaire de l'Indiana et Thomas Kaufman de l'Université de l'Indiana répondent à ce sujet :

Le manque de formes ancestrales ou intermédiaires entre les espèces fossiles n'est pas une singularité bizarre propre au début de l'histoire début des métazoaires. Les fossés sont généraux et prévalent à travers les archives fossiles. (R.A. Raff et T.C. Kaufman, Embryos, genes and evolution: the developmental-genetic basis of evolutionary change, Indiana University Press, 1991, p. 34)

Hippocampe

Période : Pliocène

Age : 3 millions d'années

Localisation : Italie

Les hippocampes ont toujours existé sous la forme que nous leur connaissons. Ils ne descendent pas d'une autre forme de vie et ne se sont pas non plus transformés en une autre espèce. Ce fossile, preuve de l'immuabilité de ces créatures depuis des millions d'années, indique clairement que l'évolution est un mensonge. L'origine de la vie n'a rien à voir avec l'évolution. Dieu, le Tout-Puissant et l'Omniscient, créa l'univers et tout ce qu'il contient..

Pastenague

Période : Eocène

Age : 54 à 37 millions d'années

Localisation : Etats-Unis

Les pastenagues sont des poissons cartilagineux. Face à la menace, elles se défendent avec les aiguillons de leur queue. Leurs yeux sont situés au-dessus de leur corps plat et leurs bouches en dessous. Comme les requins, elles trouvent leur nourriture grâce à leur odorat et aux mouvements électriques. Elles vivent généralement immergées dans le sol océanique, en ne laissant dépasser que leurs yeux et leur queue.

L'image de ce fossile prouve que le poisson ne subit pas d'évolution. Les pastenagues d'il y a 50 millions d'années sont les mêmes que celles d'aujourd'hui. Malgré le passage de millions d'années, aucun changement ne s'est opéré dans la structure de ces pastenagues. Si l'évolution avait eu lieu, les pastenagues seraient alors passées par différentes étapes, laissant derrière elles des fossiles de ces phases. Or chaque fossile découvert indique que les pastenagues d'hier et d'aujourd'hui sont identiques. Cela nie précisément les prétentions des évolutionnistes.

Le calmar est un mollusque marin de la classe des céphalopodes. Cette photographie montre un fossile de calmar de 95 millions d'années ne présentant aucune différence avec les spécimens actuels. La poche de pigment en dessous de la peau est même visible chez ce fossile.

Calmar

Période : Crétacé

Age : 95 millions d'années

Localisation : Liban

Si les concepts évolutionnistes étaient justes, alors le calmar aurait dû avoir subi de nombreuses transformations au cours des millions d'années et nous disposerions de spécimens fossiles documentant les étapes de son évolution. Or chaque fossile mis au jour indique que le calmar n'a pas changé depuis des millions d'années.

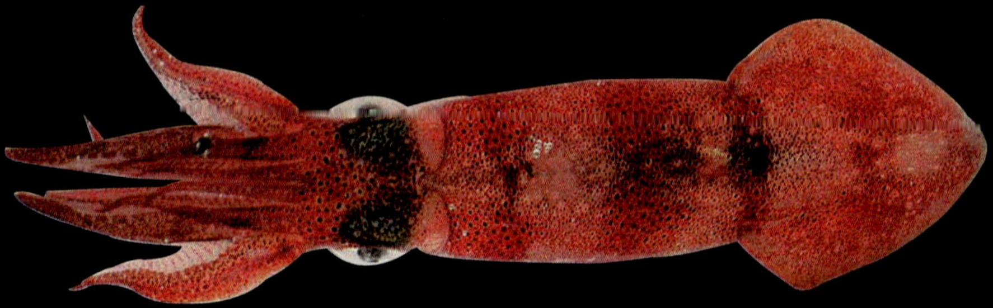

Les archives fossiles contiennent suffisamment d'éléments probants pour permettre d'avoir une vision globale de l'origine des créatures vivantes dont elles nous fournissent un scénario très précis : les diverses espèces de créatures vivantes sont apparues soudain sur la terre, séparément et sans avoir dû "évoluer" à travers des formes intermédiaires. Une preuve que Dieu Tout-Puissant a créé les créatures vivantes. Un des fossiles qui prouve clairement la réalité de la création est exposé ici : il s'agit des restes d'un crabe datant de 35 millions d'années environ.

Crabe

Période : Oligocène

Age : 37 à 23 millions d'années

Localisation : Danemark

Requin-chat

Période : Crétacé

Age : 95 millions d'années

Localisation : Liban

Selon les darwinistes, les plantes, les animaux, les champignons et les bactéries partagent tous un ancêtre commun. Les quelques centaines de phyla (catégories taxonomiques de base telles que les mollusques, les arthropodes, les vers et les éponges par exemple) auraient une origine commune. D'après cette théorie, les organismes invertébrés se seraient transformés de façon progressive (et aléatoire) en poissons grâce à l'acquisition d'une arête vertébrale ; les poissons se seraient ensuite transformés en amphibiens, les amphibiens en reptiles, certains reptiles en oiseaux et d'autres en mammifères. Selon cette même théorie, la transition se serait effectuée sur une très longue période (des centaines de millions d'années) et par étapes. D'innombrables espèces intermédiaires auraient dû émerger au cours de ces longues transitions. Pourtant, aucun signe de formes intermédiaires n'est à signaler dans les archives fossiles. Ce fossile de requin-chat remontant à 95 millions d'années indique clairement que les êtres vivants sont nés pleinement formés, avec toutes leurs caractéristiques et qu'ils n'ont pas subi de changement depuis des millions d'années.

Oursin
Période : Carbonifère
Age : 295 millions d'années
Localisation : Etats-Unis

Les oursins pennsylvaniens sont des échinodermes existant aujourd'hui dans toutes les mers du monde. Des fossiles d'oursins datant de 300 millions d'années révèlent que ces invertébrés ne subirent aucun changement dans leur structure complexe et qu'ils ne passèrent par aucune étape intermédiaire.

En présence de ces fossiles, les darwinistes sont désespérés car ils sont la preuve de l'aberration du processus d'évolution.

Poisson-soldat

Période : Crétacé

Age : 95 millions d'années

Localisation : Liban

Le fait que ce poisson-soldat de 95 millions d'années soit identique au poisson soldat d'aujourd'hui démontre que ces poissons n'ont jamais changé depuis des millions d'années. Cet état de faits met les évolutionnistes dans une situation impossible. Les données scientifiques concrètes prouvent que l'évolution n'a jamais eu lieu.

Raie

Période : Crétacé

Age : 95 millions d'années

Localisation : Liban

Comme tous les autres poissons, les raies ont toujours existé sous la forme que nous leur connaissons aujourd'hui. Les thèses darwinistes n'ont aucune valeur scientifique puisque toutes les données scientifiques, y compris les fossiles, réfutent leur contenu. Quelles que soient les contrefaçons, les distorsions et la propagande utilisées, les efforts darwinistes visant à entretenir leurs théories sont vains.

La raie datant de 95 millions d'années ici représentée indique que les êtres vivants n'ont pas évolué, mais qu'ils ont été créés de façon indéniable.

Poisson chirurgien

Période : Crétacé

Age : 95 millions d'années

Localisation : Liban

Dans *The origin of species revisited* (L'origine des espèces revisitée), Wendell R. Bird affirme que l'hypothèse des formes intermédiaires est fantaisiste :

Les archives géologiques, avec toutes leurs imperfections, exagérées par les manipulations nous disent maintenant ce qu'elles montrent depuis le début, à savoir que les supposées formes intermédiaires entre les espèces de différentes périodes géologiques sont des êtres imaginaires, élaborés afin de soutenir une théorie fantaisiste. (Wendell R. Bird, The origin of species revisited, Thomas Nelson Inc, décembre 1991, p. 44)

Etoile de mer

Période : Silurien

Age : 430 millions d'années

Localisation : Australie

Méduse

Période : Cambrien

Age : 500 millions d'années

Localisation : Etats-Unis

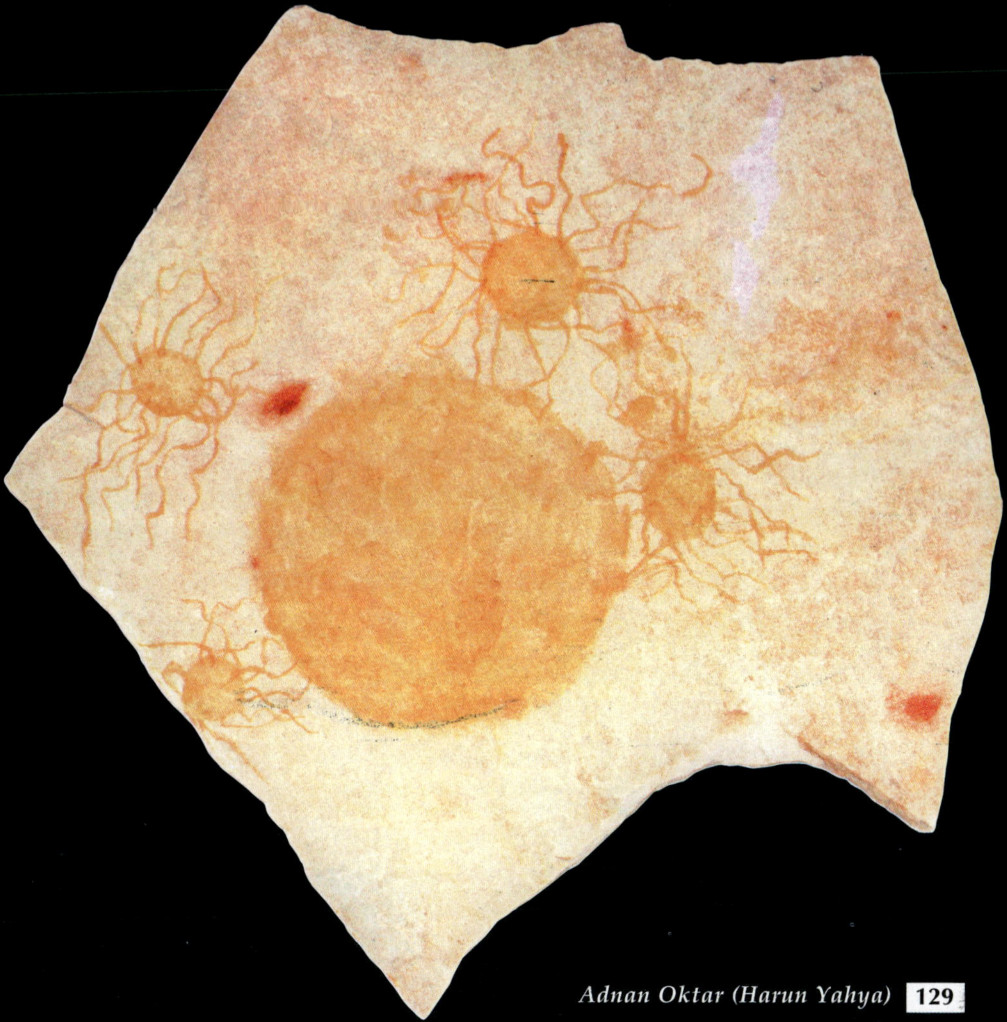

Poisson- hachette

Période : Oligocène

Age : 37 à 23 millions d'années

Localisation : République Tchèque

Comme plusieurs autres poissons d'eau profonde, ces petits poissons lumineux, argentés ressemblant à des haches sont dotés des organes sous leur estomac qui produisent de la lumière. Ces poissons ont jusqu'à 100 organes lumineux en dessous de leur corps, capables d'émettre de la lumière. Le poisson-hachette, qui a vécu dans les mers depuis des millions d'années, ne s'est pas développé du tout d'une autre forme de vie et ne s'est jamais transformé en un autre être vivant. Le poisson-hachette vieux de 37 à 23 millions d'années de la période oligocène sur l'image a été trouvé dans la République tchèque et est identique aux spécimens vivant aujourd'hui.

Ce fossile remontant à 95 millions d'années est la preuve que les calmars ont toujours existé sous les mêmes traits à travers l'histoire géologique, défiant ainsi les théories évolutionnistes. Incapables de prouver que les calmars sont la forme évoluée d'une forme de vie antérieure ou qu'ils se sont développés en une autre espèce, les évolutionnistes sont complètement minés par les archives fossiles.

Calmar

Période : Crétacé

Age : 95 millions d'années

Localisation : Liban

Hemiramphidae

Période : Jurassique

Age : 152 millions d'années

Localisation : Allemagne

Dans les archives fossiles, il est possible de rencontrer parfois les restes d'êtres vivants présentant les caractéristiques d'une autre espèce. Les darwinistes, interprétant ces éléments à la lumière de leurs préjuges, prétendent que ces fossiles confirment leurs théories. Or c'est une erreur dans la mesure où la présence d'un trait similaire à une autre espèce ne permet pas de conclure l'existence de formes intermédiaires. L'ornithorynque vit par exemple en Australie et bien qu'il s'agisse d'un mammifère, il pond des œufs comme les reptiles. Par ailleurs, son bec fait penser à celui des oiseaux. Les scientifiques qualifie l'ornithorynque de "forme mosaïque". Même les évolutionnistes majeurs reconnaissent qu'il ne peut être considéré comme une forme intermédiaire.

Crevette-mante ou squille

Période : Crétacé

Age : 95 millions d'années

Localisation : Liban

Les crevettes-mantes inchangées depuis le carbonifère (354 à 290 millions d'années) sont une des formes de vie remettant en question le darwinisme, puisque aucune explication évolutionniste ne permet de clarifier qu'une créature reste identique depuis 300 millions d'années.

La crevette-mante ici représentée date de 95 millions d'années. Pourtant elle s'avère tout à fait similaire aux spécimens existant aujourd'hui.

Requin dormeur cornu

Période : Crétacé

Age : 95 millions d'années

Localisation : Liban

Depuis quelques 150 années, des fouilles en quête de fossiles sont entreprises aux quatre coins du monde. C'est pourquoi nous disposons aujourd'hui de millions de fossiles. Pourtant, aucun spécimen de créature mi-invertébré/mi-poisson ou mi-poisson/mi-crocodile n'a été découvert. Ce vide ne permet pas de confirmer les théories évolutionnistes à propos des fossiles de formes intermédiaires. En effet, chaque fossile mis au jour témoigne de la nature inchangée des êtres vivants tout au long de leur durée de vie sur terre. Cela prouve clairement que Dieu créa les êtres vivants.

Chirocentre

Période : Crétacé

Age : 95 millions d'années

Localisation : Liban

Parce que les fossiles remettent en question l'évolution, les darwinistes ont tendance à les ignorer ou à les manipuler. Toutefois, l'exposition des fossiles dans les musées, les livres et sur les sites internet a permis de mettre l'embarras des évolutionnistes à la portée de tous. Il suffit désormais de comparer les fossiles comme celui d'un chirocentre datant de 95 millions d'années avec leurs congénères actuels pour comprendre immédiatement que l'évolution est un mensonge, sans plus d'explications. C'est pourquoi les évolutionnistes sont pris de panique. Ils observent, impuissants, l'effondrement global et sans retour de leur théorie.

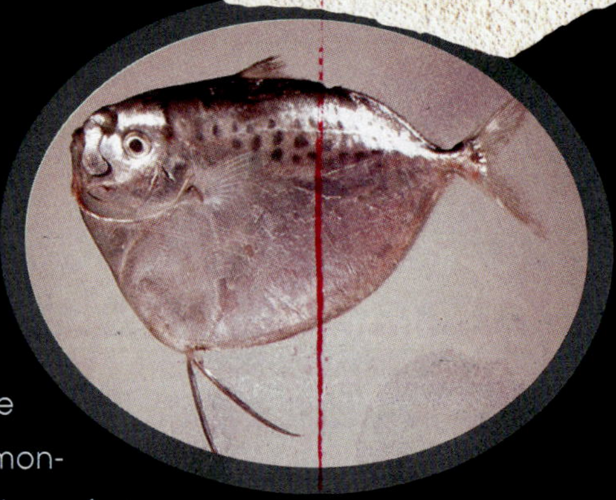

Cette espèce de poisson de la famille des Menidae est plus fréquente dans l'Océan Pacifique. De nombreux fossiles de ce vertébré sont disponibles remontant parfois jusqu'au cénozoïque (il y a 65 millions d'années). Les fossiles de l'espèce Mene maculata de la formation Monte Bolca illustrent particulièrement bien le caractère inchangé de ces poissons depuis des millions d'années.

Mene Maculata

Période : Eocène

Age : 54 à 37 millions d'années

Localisation : Italie

Les pieuvres se distinguent par leur grande capacité d'apprentissage (ayant fait l'objet d'études en laboratoire) et leur art du camouflage. Cette capacité leur vient de cellules cutanées spéciales, grâce auxquelles elles peuvent changer de couleurs, devenir opaques ou réfléchir la lumière. Ainsi elles peuvent se protéger du danger ou prévenir leurs congénères d'un danger. Certaines pieuvres peuvent même se camoufler en imitant d'autres créatures marines repoussantes comme le poisson-lion ou les serpents de mer.

Aussi loin que nous remontons dans le temps, nous ne trouvons que des fossiles de pieuvres dont l'apparence est identique à celles de leurs congénères actuelles. N'est-ce pas là la preuve de l'invalidité des idées évolutionnistes ? Les pieuvres n'ont pas évolué ; elles ont été créées par Dieu omniscient et tout-puissant avec tout ce qui les caractérise.

Pieuvre

Période : Crétacé

Age : 95 millions d'années

Localisation : Liban

La limule fait partie d'une ramification de la famille des arachnides Chelicerata ; ce sont de proches cousins des araignées et des scorpions. Le fossile d'une limule que l'on peut voir ici datant de 150 millions d'années, démontre une fois de plus que la création est un fait avéré et que l'évolution n'a jamais eu lieu.

Limule

Période : Jurassique

Age : 150 millions d'années

Localisation : Allemagne

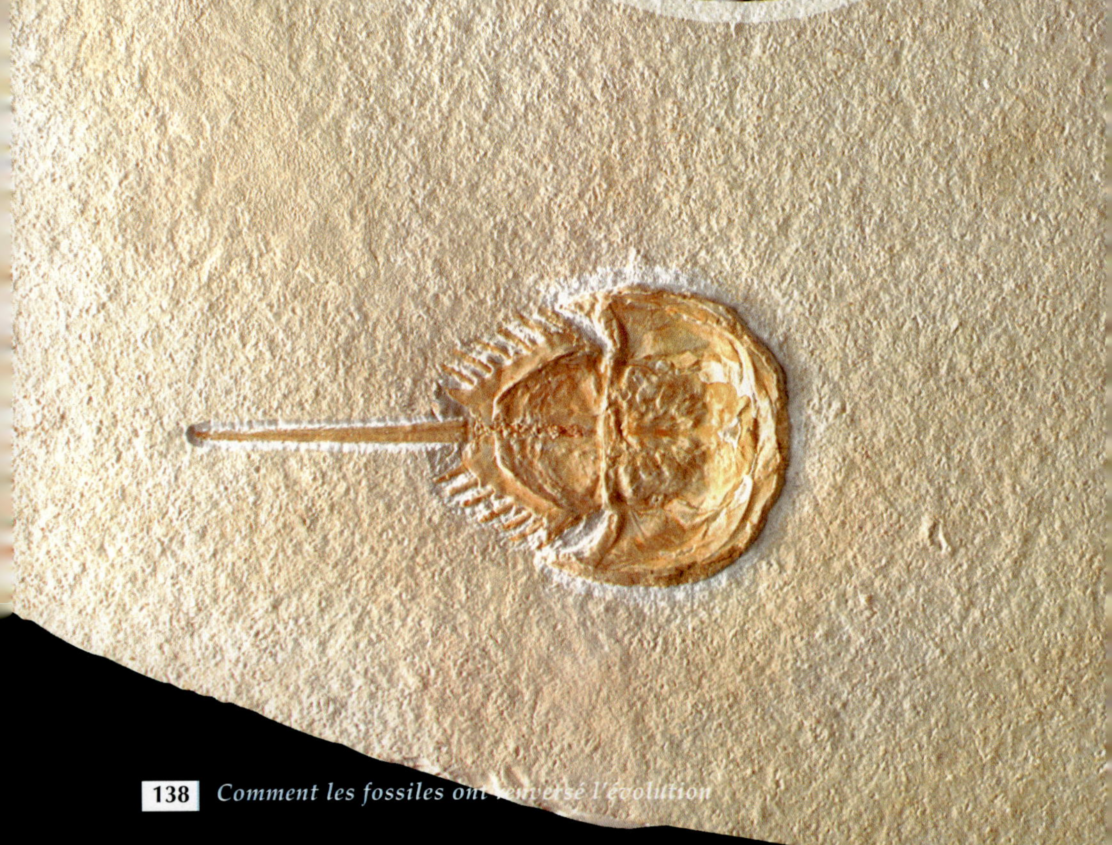

Poisson- spatule

Période : Eocène

Age : 50 millions d'années

Localisation : Etats-Unis

Les nombreuses preuves accumulées par la paléontologue depuis des années confirment que les êtres vivants n'ont jamais évolué. Le fossile ici représenté fait partie de ces preuves que les évolutionnistes choisissent d'ignorer. Il s'agit d'un fossile de poisson-guitare datant de 95 millions d'années dont le squelette a largement été préservé. La tête et les branchies se devinent parfaitement.

Confrontés à ce fossile identique aux poissons-guitares actuels, les évolutions n'ont pas la moindre explication valide à proposer. Ils se contentent donc de tromper le public à travers leur démagogie.

Poisson-coffre

Période : Crétacé

Age : 95 millions d'années

Localisation : Liban

La publication régulière d'articles pro-évolution dans la presse ainsi que la diffusion de programmes et documentaires évolutionnistes à la télévision indiquent non pas que le darwinisme est un point de vue scientifique mais l'intensité des efforts infatigables employés à défendre cette théorie sur le plan idéologique. Le darwinisme est le fondement dit scientifique du matérialisme et de l'athéisme.

Quiconque reconnaît l'invalidité de darwinisme ne peut soutenir le matérialisme et l'athéisme. Or, malgré les données scientifiques jouant contre la théorie de l'évolution, ces preuves sont ignorées et le darwinisme continue à être défendu par des mensonges et des contrefaçons.

Des fossiles par millions sont l'une de preuves que les évolutionnistes refusent de reconnaître. Chacun d'entre eux, comme par exemple ce fossile de poisson-globe datant de 95 millions d'années, est un signe clair de la création. Tous les fossiles montrent systématiquement que les êtres vivants n'ont jamais évolué et qu'Allah en est le créateur.

Crevette

Période : Jurassique

Age : 208 à 146 millions d'années

Localisation : Allemagne

La crevette qui a survécu sans subir de changement pendant des millions d'années, nous prouve qu'elle n'a pas évolué mais qu'elle a bien été créée. Si une créature vivante conserve les mêmes caractéristiques, comme elle l'a fait pendant des millions d'années, alors elle ne peut être passée par le processus de l'évolution. Les archives fossiles sont la preuve que les prétentions des évolutionnistes sont fausses.

Les poissons-castors appartiennent à la famille des Amiidae. Comme pour beaucoup d'autres espèces de poissons, leur historique est riche en fossiles. Un des premiers spécimens connus de ce fossile date de 150 millions d'années environ.

Tous les fossiles découverts montrent que les poissons-castors étaient exactement pareils pendant des millions d'années et n'ont jamais évolué de quelque façon que ce soit. Il n'existe aucune différence entre les poissons-castors datant de 50 millions d'années, tel que celui que nous voyons, et ceux qui existent aujourd'hui.

Pasion-castor
Période : Eocène
Age : 50 millions d'années
Localisation : Allemagne

Sanglier de mer

Période : Oligocène

Age : 35 millions d'années

Localisation : Pologne

Le fait que le sanglier de mer ayant vécu il y a 35 millions d'années est identique aux spécimens vivant aujourd'hui est l'une des preuves les plus parlantes du terrible mensonge qu'est l'évolution. Pas le moindre fossile prouvant l'évolution n'a été découvert au cours de 150 années de fouilles paléontologiques. Tous les fossiles mis au jour montrent que les êtres vivants n'ont jamais évolué.

Poisson-scie

Période : Crétacé

Age : 95 millions d'années

Localisation : Liban

Rien ne distingue les spécimens actuels de ce poisson-scie remontant à 95 millions d'années, ce qui place les évolutionnistes dans une situation relativement inconfortable. Notre Seigneur Tout-Puissant créa des espèces distinctes, qui ont survécu jusqu'à nos jours.

Requin-chat

Période : Crétacé

Age : 95 millions d'années

Localisation : Liban

Les requins-chats ayant existé il y a des millions d'années présentaient les mêmes traits que leurs homologues actuels, comme le confirme le fossile de requin-chat datant de 95 millions d'années.

Dieu créa le requin-chat et les autres êtres vivants sous la forme que nous leur connaissons. Aucun d'entre eux n'a subi de processus évolutif.

Esturgeon
Période : Crétacé
Age : 144 à 65 millions d'années
Localisation : Chine

Les esturgeons, dont seulement deux familles existent toujours, ont de tout temps été des esturgeons. Ils ne se sont ni développés à partir d'autres espèces, ni transformés en d'autres espèces. Les découvertes de fossiles corroborent ce fait ; comme toutes les autres créatures, les esturgeons n'ont jamais subi un quelconque processus d'évolution.

Poisson volant

Période : Crétacé

Age : 95 millions d'années

Localisation : Liban

Les poissons volants bondissent hors de l'eau, propulsés par les mouvements rapides de leur queue et glissent à la surface de l'eau sur une certaine distance, avant de replonger lentement. Lors de cette envolée, ces poissons peuvent atteindre une vitesse de 50 kilomètres par heure. Il n'existe aucune différence entre les poissons volants actuels et ceux qui vivaient il y a environ 100 millions d'années. L'espèce n'a pas subi le moindre changement au cours de cette période, ceci met un terme définitif à l'ensemble des affirmations des évolutionnistes au sujet des origines et de l'histoire des créatures vivantes.

Les découvertes scientifiques ont prouvé que les créatures vivantes ne se sont pas développées au cours de différentes étapes évolutionnistes mais sont bien l'œuvre du Créateur des mondes, Dieu Tout-Puissant.

SPECIMENS DE FOSSILES DE VEGETAUX

Feuille de saule
Période : Eocène
Age : 50 millions d'années
Localisation : Etats-Unis

Cône de pin

Période : Paléocène

Age : 65 à 23 millions d'années

Localisation : Allemagne

La structure des cônes, organes sur les conifères qui contiennent les ovaires de la plante, est la même depuis des millions d'années, comme celle de toutes les autres espèces vivantes. Ce cône datant de 65 à 23 millions d'années et ces semblables actuels sont l'un des exemples irréfutables mettant en évidence que tout au long de ces périodes, l'évolution n'a jamais eu lieu.

Feuille de magnolia

Période : Eocène

Age : 50 millions d'années

Localisation : Canada

La feuille de magnolia ici représentée date de 50 millions d'années. Malgré cela, cette feuille est identique aux feuilles de magnolia existant aujourd'hui. D'après la théorie de l'évolution, les millions d'années écoulés ont dû contribuer aux changements chez les organismes. Or une telle transformation n'est visible chez aucun spécimen de fossiles. Cette feuille de magnolia datant de 50 millions d'années est l'une des nombreuses preuves réfutant l'évolution.

Branches de sycomore et ses téguments

Période : Oligocène

Age : 37 à 23 millions d'années

Localisation : Etats-Unis

Les évolutionnistes affirment que les plantes ont une origine commune, pourtant ils sont dans l'incapacité de fournir la moindre preuve scientifique. D'autre part, les nombreuses découvertes nous montrent que les plantes ont été créées séparément avec des caractéristiques distinctes propres à chaque espèce et qu'elles n'ont pas évolué. La branche de sycomore datant de 37 à 23 millions d'années qui s'est fossilisée avec ses téguments en est une preuve. Ce fossile qui n'est pas différent des sycomores actuels, invalide la théorie de l'évolution.

Feuille de cercis

Période : Eocène

Age : 50 millions d'années

Localisation : Canada

En dépit des fouilles entreprises et des moyens considérables engagés au cours des 150 dernières années, rien de ce qui a été mis au jour ne vient défendre la théorie de l'évolution. Si un processus dit d'évolution avait eu lieu, de nombreuses traces auraient dû être découvertes. Depuis l'époque de Darwin, les scientifiques reconnaissent qu'il devrait y avoir un grand nombre de preuves, mais à ce jour rien de tel n'a été découvert.

Par ailleurs, les fossiles témoignent de la vérité manifeste de la création. Le spécimen ici représenté est celui d'un cercis. Il nous rappelle que les cercis n'ont subi aucun changement en l'espace de 50 millions d'années.

Feuille de ginkgo

Période : Eocène

Age : 50 millions d'années

Localisation : Canada

La théorie de l'évolution ne peut pas expliquer les origines des organismes vivants. Elle est totalement désemparée face aux feuilles de ginkgo fossiles montrant la stabilité de l'espèce depuis des dizaines de millions d'années. De tels fossiles prouvent que les organismes vivants n'ont nullement subi de processus d'évolution. Ce qui contribue à assener un coup fatal à la théorie de l'évolution. Comme toutes les autres branches de la science, la paléontologie confirme à nouveau que la création est un fait..

Pendant ces 150 dernières années, chaque parcelle de terre a été retournée pour découvrir des fossiles, et des millions ont été trouvés. Mais parmi tous ces fossiles, il n'existe pas un spécimen à moitié développé avec les caractéristiques de deux espèces vivantes différentes – qui puisse être qualifié de "chaînon manquant intermédiaire". Chaque fossile découvert jusqu'ici montre que les êtres vivants sont apparus soudainement et n'ont jamais évolué. Ceci implique clairement que Dieu a également créé les êtres vivants.

Lancashire, Grande-Bretagne

Formation Green River, Etats-Unis

A travers le temps, les tortues ont toujours été des tortues, les moucherons ont toujours été des moucherons, les fourmis des fourmis et les feuilles de ginkgo des feuilles de ginkgo. Peu importe l'âge du fossile de feuille de ginkgo examiné, sa structure est identique à celle des ginkgos actuels. Les feuilles se ressemblent en tous points, qu'elles remontent à 50 millions d'années ou des centaines de millions d'années. A l'instar des autres êtres vivants, le ginkgo n'a subi aucun changement ni aucun processus d'évolution. Chaque espèce est créée de la même manière par le sens artistique supérieur de notre Seigneur.

Feuille de ginkgo

Période : Eocène

Age : 54 à 37 millions d'années

Localisation : Canada

Fougère

Période : Carbonifère

Age : 320 millions d'années

Localisation : Grande-Bretagne

Le fossile que nous voyons ici prouve que les fougères n'ont pas évolué à partir d'autres plantes, et ne se sont pas transformées en fougères actuelles suite à des mutations progressives. Elles sont toujours restées fougères, avec l'ensemble de leurs caractéristiques et de leurs fonctions.

Ce fossile, datant de 320 millions d'années, prouve que comme pour toutes les créatures vivantes et non vivantes, Dieu Tout-Puissant a créé les plantes ; l'évolution n'est rien qu'un scénario imaginaire.

Feuille de hêtre

Période : Eocène

Age : 50 millions d'années

Localisation : Canada

En dépit des fouilles entreprises et des moyens considérables engagés au cours des 150 dernières années, rien de ce qui a été mis au jour ne vient défendre la théorie de l'évolution. Si un processus dit d'évolution avait eu lieu, de nombreuses traces auraient dû être découvertes. Depuis l'époque de Darwin, les scientifiques reconnaissent qu'il devrait y avoir un grand nombre de preuves, mais à ce jour rien de tel n'a été découvert.

Par ailleurs, les fossiles témoignent de la vérité manifeste de la création. Le spécimen ici représenté est celui d'un hêtre. Il nous rappelle que les hêtres n'ont subi aucun changement en l'espace de 50 millions d'années.

Feuille de séquoia

Age : 50 millions d'années

Période : Eocène

Localisation : Canada

Les nombreux vestiges de feuilles de séquoia ayant survécu sous forme de fossiles prouvent que cet arbre survécut dans différentes régions sur terre sans s'être modifié. Grâce à cette preuve importante, les spéculations darwinistes à propos de l'évolution imaginaire des végétaux sont anéanties. Cette feuille de séquoia datant de 50 millions d'années fait partie de ces preuves mettant un terme à ces conjectures.

Feuille d'amelanchier

Période : Eocène

Age : 50 millions d'années

Localisation : Canada

Comme tous les autres organismes vivants, les végétaux apparaissent avec leurs structures propres assez soudainement dans les archives fossiles. Leur apparence et les structures qui les caractérisent sont identiques depuis des millions d'années. Cela démontre que les êtres vivants furent créés par une entité dotée d'une sagesse supérieure, c'est-à-dire par notre Seigneur Dieu.

Cette feuille d'amélanchier remontant à 50 millions d'années en est une preuve.

Feuille de marronnier

Période : Paléocène

Age : 58 millions d'années

Localisation : Etats-Unis

La feuille de marronnier ayant existé il y a 65 à 54 millions d'années n'est pas différente de celles d'un marronnier d'aujourd'hui. C'est là une des nombreuses preuves réfutant l'évolution des végétaux.

Feuille de micocoulier

Période : Eocène

Age : 45 millions d'années

Localisation : Etats-Unis

Les micocouliers sont des arbres qui sont en général de taille moyenne, entre 10 et 25 mètres.

Comme tous les autres végétaux, le micocoulier a toujours existé tel que nous le connaissons, les archives fossiles sont là pour en témoigner. Tous les fossiles de micocouliers découverts à ce jour confirment leur immuabilité depuis des dizaines de millions d'années. Cette exacte ressemblance entre les micocouliers du passé et ceux d'aujourd'hui réfute la théorie de l'évolution.

Cône de séquoia

Période : Crétacé

Age : 144 à 65 millions d'années

Localisation : Etats-Unis

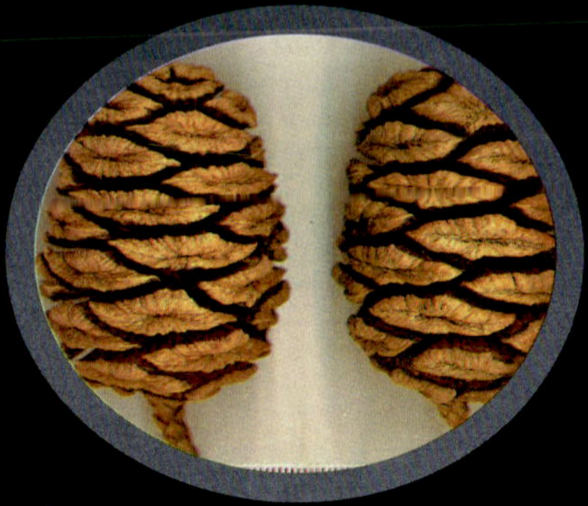

Les séquoias qui poussent actuellement en Amérique du Nord peuvent atteindre plus de 100 mètres de hauteur. Un nombre incroyable de fossiles montre que le feuillage de ces arbres est resté identique depuis de dizaines de millions d'années. Le fossile en photo date de 140 millions d'années. Ce genre d'exemples condamne à un profond silence les évolutionnistes incapables d'expliquer de façon scientifique l'origine et la variété des végétaux.

D'une part, chaque espèce végétale apparaît de façon soudaine dans les archives fossiles et pourvue de toutes ses caractéristiques propres. D'autre part, ces traits sont immuables depuis des millions d'années. Ces deux éléments mènent directement à la création de Dieu Tout-Puissant.

Feuille d'orme

Période : Eocène

Age : 50 millions d'années

Localisation : Etats-Unis

Les ormes poussent sous les climats tempérés d'Amérique du Nord, d'Europe et d'Asie. Ces feuilles d'orme fossilisées de 50 millions d'années réfutent clairement le principe d'évolution des plantes.

Feuille de peuplier

Période : Eocène

Age : 54 à 37 millions d'années

Localisation : Etats-Unis

Ce fossile prouve que les peupliers ne sont pas les descendants d'une autre espèce végétale et qu'ils ont toujours existé sous l'aspect que nous leur connaissons aujourd'hui. L'exactitude de la ressemblance entre les peupliers ayant existé il y a 50 millions d'années et leurs homologues actuels est une solide preuve de la création. Le concept d'évolution s'avère n'être qu'une invention de l'imagination.

Fougère

Période : Carbonifère

Age : 300 millions d'années

Localisation : Etats-Unis

Les découvertes paléontologiques démontrent que les fougères, comme le reste des êtres vivants, ne sont pas issues de l'évolution, mais qu'au contraire elles furent créées. Nombre de scientifiques contemporains reconnaissent que les archives fossiles contribuent à valider la création plutôt que l'évolution et que l'existence des formes de vie intermédiaires se cantonne à l'imagination des évolutionnistes.

Feuille de sapindus

Période : Crétacé

Age : 95 millions d'années

Localisation : Liban

Aucun fossile découvert à ce jour ne laisse entendre que les feuilles de sapindus ont subi une quelconque évolution. Tous les fossiles de sapindus présentent, effectivement, les mêmes caractéristiques que les sapindus d'aujourd'hui. Les évolutionnistes ne disposent d'aucun élément documentant leur processus dit évolutionniste ou l'existence d'ancêtres communs pour les êtres vivants.

Feuille de laurier-cerise

Période : Eocène

Age : 50 millions d'années

Localisation : Canada

Les lauriers-cerises existaient par le passé comme aujourd'hui. Si les darwinistes avançaient la vérité, alors les lauriers-cerises d'aujourd'hui ne devraient présenter aucune ressemblance ou alors seulement une ressemblance partielle avec ceux du passé. En outre, nous devrions disposer de fossiles indiquant comment ces arbres ont évolué depuis leur forme passée à leur forme actuelle. Au cours des deux derniers siècles, les darwinistes sont incapables d'obtenir les preuves de ce processus, existant uniquement dans leur imagination. Toutes les découvertes révèlent que les lauriers-cerises ont toujours existé sous la forme que nous leur connaissons aujourd'hui et qu'ils n'ont pas évolué mais ont été créés.

Feuille de sassafras

Période : Eocène

Age : 54 à 37 millions d'années

Localisation : Canada

Les formes les plus courantes de propagande darwiniste s'articulent autour de grandes lignes comme "le rejet de la théorie de l'évolution est dogmatique" ou "la négation de la théorie de l'évolution n'est pas scientifique". Ces déclarations se limitent aux préjugés des évolutionnistes à propos de la science.

"La science" dans sa définition darwiniste n'est pas une discipline où il est question de recherches, d'investigations, d'analyses des découvertes de manière neutre et enfin d'acceptation des résultats obtenus. Selon les darwinistes, les données scientifiques doivent plutôt venir confirmer leurs propres croyances et idées, même si cela implique leur distorsion.

Feuille de myrica

Période : Oligocène

Age : 30 millions d'années

Localisation : France

Au lieu de débattre de la signification des découvertes scientifiques, les darwinistes préfèrent recourir à des méthodes de propagande psychologique, restreindre la liberté de pensée en bannissant les travaux rejetant l'évolution et influencer le public en adoptant un style moqueur. Ils utilisent habituellement, à cette fin, des techniques de guerre psychologique.

Feuille de l'arbre de Katsura

Période : Paléocène

Age : 65 à 54 millions d'années

Localisation : Etats-Unis

Les fossiles révèlent remarquablement que les espèces vivantes sont apparues à un moment donné, pourvues de toutes leurs caractéristiques. C'est pourquoi il n'y a nulle trace d'espèces étant passées lentement d'un stade primitif à un stade abouti. Toutes les espèces vivantes étaient parfaites et pleinement formées au moment de leur émergence. Quant aux spécimens ayant survécu jusqu'à aujourd'hui, ils s'avèrent identiques à leur forme originale.

Feuille de chevrefeuille

Période : Paléocène

Age : 58 millions d'années

Localisation : Etats-Unis

L'absence de différences entre cette feuille de chèvrefeuille datant de 58 millions d'années et ses homologues actuels suffit à répondre aux théories évolutionnistes.

L'inexistence de fossiles de formes intermédiaires met, en effet, dans l'embarras, les scientifiques épousant le scénario de l'évolution des plantes. Les fossiles de plantes dits "primitifs" avec des systèmes semi-développés n'existent pas. A ce jour, aucune preuve n'a été produite laissant entendre qu'une plante est l'ancêtre d'une autre. Par conséquent, les arbres généalogiques spéculant sur l'évolution des plantes sont purement imaginaires, sans aucun fondement scientifique.

Feuille d'euphorbe

Période : Eocène

Age : 50 millions d'années

Localisation : Etats-Unis

Dans son article "L'évolution des plantes florissantes" (The evolution of flowering plants), le paléobotaniste Daniel Axelrod commente de la sorte l'origine des plantes florissantes :

"Le groupe ancestral qui donne naissance aux angiospermes na pas encore été identifié dans les archives fossiles, et aucun angiosperme vivant ne pointe ver une telle alliance ancestrale." (D.I. Axelrod, "The evolution of flowering plants", dans Evolution after Darwin: vol.1: The evolution of life), éd. S.Tax, Chicago, IL: University of Chicago Press, 1960, pp. 264-274)

Les recherches de fossiles des 150 dernières années n'ont pas permis de mettre la main sur un seul fossile pouvant passer pour l'ancêtre des plantes fleurissantes, ce qui réfute la théorie darwiniste selon laquelle les végétaux descendent les uns des autres à travers d'infimes changements sur de très longues périodes de temps.

Feuille de sumac

Période : Eocène

Age : 45 millions d'années

Localisation : Etats-Unis

Cette feuille de sumac remontant à 45 millions d'années est structurellement identique à une feuille d'aujourd'hui. Depuis des millions d'années, les sumacs n'ont pas changé.

Cône d'araucaria

Période : Crétacé

Age : 125 millions d'années

Localisation : Argentine

Le fossile d'araucaria ici illustré montre que ces arbres n'ont pas subi la moindre altération depuis 170 millions d'années. Le célèbre évolutionniste, Stephen Jay Gould, fit allusion au silence et à l'"embarras" des darwinistes face aux archives fossiles :

L'écrasante prévalence de la stase est devenue un trait embarrassant des fossiles. (Stephen Jay Gould, "Cordelia's Dilemma", Natural History, Février 1993, p. 15)

L'embarras des darwinistes est né du mensonge qu'ils se sont attachés à propager au cours des 150 dernières années. Ils se consacrèrent à décrire le processus par lequel des formes de vie auraient subi une série de changements gradués avant d'aboutir à leurs formes présentes, devenant ainsi les auteurs d'une fraude majeure de toute l'histoire de la science. Leur confusion n'en est que justifiée. Qu'ils laissent maintenant cet embarras les guider vers la vérité et qu'ils cessent de défendre sciemment un mensonge.

Feuille de chêne

Période : Pliocène

Age : 5,1 à 1,8 millions d'années

Localisation : Bulgarie

Les archives fossiles révèlent que les végétaux ne passèrent par aucun processus évolutionniste et n'ont aucun ancêtre imaginaire. Les poissons ont toujours été des poissons, les oiseaux des oiseaux, les araignées des araignées, les pins des pins, les épicéas des épicéas, et les roses des roses. Le chêne est toujours resté chêne, comme le confirme la feuille de chêne fossilisée ici représentée.

Feuille de palmier

Période : Eocène

Age : 50 millions d'années

Localisation : Etats-Unis

Comme Corner l'affirme également, les découvertes de fossiles montrent que les plantes n'ont pas un ancêtre commun imaginaire mais ont été créés individuellement avec l'ensemble de leurs caractéristiques actuelles. Un des fossiles démontrant ce fait est le fossile du palmier datant de 50 millions d'années que nous voyons ici. Les palmiers sont les mêmes depuis des centaines de millions d'années, ce qui souligne la nature infondée de la théorie de l'évolution.

Noix

Période : Pliocène

Age : 2.5 millions d'années

Localisation : Hollande

En dépit des fouilles entreprises et des moyens considérables engagés au cours des 150 dernières années, rien de ce qui a été mis au jour ne vient défendre la théorie de l'évolution. Si un processus dit d'évolution avait eu lieu, de nombreuses traces auraient dû être découvertes. Depuis l'époque de Darwin, les scientifiques reconnaissent qu'il devrait y avoir un grand nombre de preuves, mais à ce jour rien de tel n'a été découvert.

Diospyros

Période : Eocène

Age : 40 millions d'années

Localisation : France

D'après les hypothèses non-scientifiques des darwinistes, les palmiers à dattes, les pins, les cactus, les orchidées, les œillets, les roses, les cerisiers, les herbes, les fougères et tous les autres spécimens de la flore, partagent le même ancêtre commun. Mais une fois interrogés sur la nature de cet ancêtre commun ou sur les étapes avant l'aboutissement aux formes de plantes présentes, les évolutionnistes sont sans voix.

Feuille de persea

Période : Eocène

Age : 50 millions d'années

Localisation : Etats-Unis

Les espèces végétales émergèrent de façon soudaine et indépendamment les unes des autres. Autrement dit, il n'existe aucun lien soi-disant évolutionniste entre elles. Il est effectivement impossible qu'une variété infinie de plantes soit issue d'un seul être végétal. Toutes les plantes sont dotées de caractéristiques propres et uniques, qu'il s'agisse de leurs couleurs, leurs goûts, leurs formes et leurs modes de reproduction. La complexité de leurs mécanismes exclut l'éventualité d'une naissance fortuite, comme le prétendent les évolutionnistes.

Aucune différence ne distingue la prêle ayant existé il y a quelques 200 millions d'années et celles existant aujourd'hui. Si un être vivant a pu préserver toute sa structure depuis 200 millions d'années, sans subir la moindre transformation, alors il n'est nullement question d'évolution. L'impossibilité de l'évolution s'applique à toutes les formes et espèces de vie. Les fossiles documentant l'histoire de la vie réfutent l'évolution.

Prêle

Période : Triasique

Age : 248 à 206 millions d'années

Localisation : Australie

Pin ponderosa

Période : Miocène

Age : 23 à 5 millions d'années

Localisation : Etats-Unis

L'aiguille du pin représentée ici est vieille de 23 à 5 millions d'années. Elle est identique à une aiguille du pin actuel. Leur immuabilité malgré les millions d'années passées prouve que l'évolution n'eut jamais lieu.

Feuille de distylium

Période : Eocène

Age : 50 millions d'années

Localisation : Etats-Unis

L'inexistence de fossiles de formes intermédiaires met, en effet, dans l'embarras, les scientifiques épousant le scénario de l'évolution des plantes. Les fossiles de plantes dits "primitifs" avec des systèmes semi-développés n'existent pas. A ce jour, aucune preuve n'a été produite laissant entendre qu'une plante est l'ancêtre d'une autre. Par conséquent, les arbres généalogiques spéculant sur l'évolution des plantes sont purement imaginaires, sans aucun fondement scientifique.

SPECIMENS DE FOSSILES D'ANIMAUX TERRESTRES

Crâne de lion

Période : Crétacé

Age : 82 millions d'années

Localisation : Chine

Crocodile

Période : Crétacé

Age : 65 millions d'années

Localisation : Chine

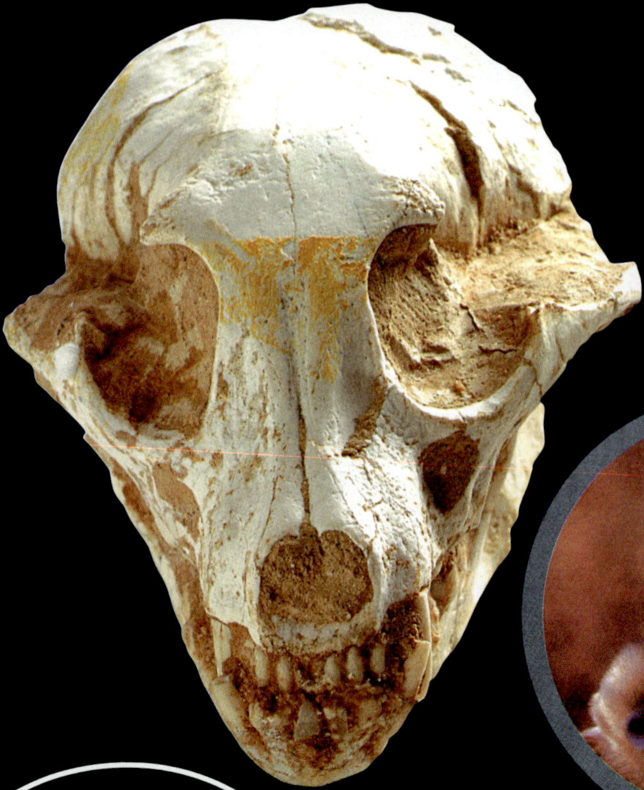

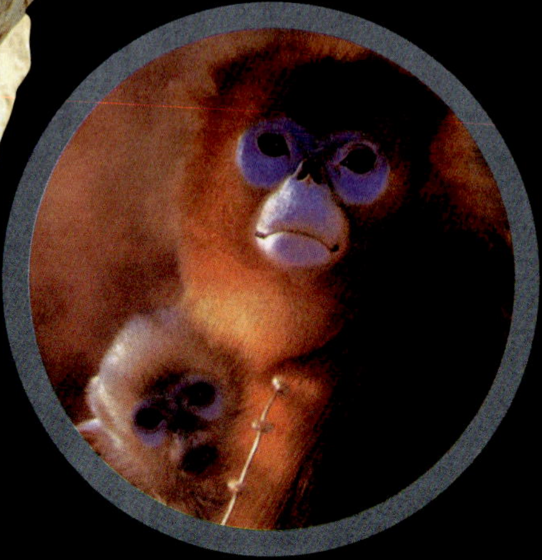

Crâne de Dore

Période : Eocène

Age : 36 millions d'années

Localisation : Chine

Afin de justifier le lien de parenté entre les êtres humains et les singes, les darwinistes n'hésitent pas à rappeler la capacité de mimétisme de certaines espèces de singes. Les singes sont certes capables d'imiter les actes et les comportements qu'ils voient, sans pour autant que cela ne leur permette de devenir des êtres humains. Si cela avait été possible, alors d'autres espèces animales tout aussi réputées pour leur intelligence auraient dû faire preuve de qualités humaines. Les perroquets sont ainsi capables d'imiter le langage humain. Donc dans le cadre du raisonnement insensé des darwinistes, les probabilités de voir les perroquets acquérir la parole humaine sont grandes.

De nombreuses découvertes telles que le crâne de singe datant de 36 millions d'années ici illustré témoignent de l'immuabilité des êtres vivants : ils n'ont jamais changé et ne sont pas issus du développement d'une autre forme de vie. L'entêtement de cette ineptie est insensé.

Crâne de glouton

Période : Crétacé

Age : 90 millions d'années

Localisation : Chine

Les darwinistes, pour la plupart, ont suivi des carrières académiques, lu des dizaines de livres, effectué de nombreuses recherches et publié plus d'un rapport scientifique. Cela est d'autant plus étonnant qu'ils restent aveugles à la plus évidente des vérités. Ils ne peuvent admettre par exemple que les fossiles vivants (les organismes qui n'ont jamais subi le moindre changement au cours de millions d'années) réfutent explicitement le darwinisme. Ils ne reconnaissent pas non plus l'inexistence des "fossiles de formes intermédiaires" dont ils ont tant besoin pour confirmer leurs théories.

En dépit des réticences darwinistes face à la vérité, d'innombrables fossiles tels que ce crâne datant de 90 millions d'années indiquent que l'évolution ne s'est jamais produite.

Crâne de zèbre
Période : Eocène
Age : 45 millions d'années
Localisation : Chine

Les fossiles de formes intermédiaires recherchés par les évolutionnistes n'ont jamais été mis au jour. Pourtant chaque jour apporte son lot de nouveaux fossiles révélant le fait de la création, comme par exemple ce crâne de zèbre fossilisé. Sa structure dentaire et maxillaire s'avère identique à celle des zèbres d'aujourd'hui, ce qui confirme une fois de plus que la théorie de l'évolution est un grave mensonge et que Dieu est l'auteur de tous les êtres vivants.

La principale difficulté à laquelle sont confrontés les darwinistes dans leur explication de l'origine des mammifères est l'immense diversité de ce groupe. Aucune donnée ne vient étayer les liens généalogiques qu'ils ont imaginés entre les mammifères alors que les biologistes les divisent en différents sous-groupes.

Le zoologue évolutionniste Eric Lombard reconnaît par exemple que : "ceux qui recherchent des informations spécifiques utiles à la construction de phylogénies des taxons mammifères seront déçus." (R. Eric Lombard, Review of evolutionary principles of the mammalian middle ear, Gerald Fischer, Evolution, vol. 33, décembre 1979, p. 1230)

Crâne de hyène

Période : Crétacé

Age : millions d'années

Localisation : Chine

Grenouille

Période : Eocène

Age : 40 millions d'années

Localisation : Chine

Le scénario évolutionniste veut que les poissons, les descendants des invertébrés, se soient transformés en amphibiens capables de vivre sur la terre ferme. Il n'existe cependant pas la preuve de ce conte évolutionniste. Pas un seul fossile ne présente à la fois les caractéristiques des poissons et des amphibiens. Au contraire, tous les fossiles actuellement disponibles suggèrent que les poissons ont toujours été des poissons et que les amphibiens sont depuis toujours des amphibiens. Ce fossile de grenouille remontant à 40 millions d'années prouve que les grenouilles n'ont connu aucune transformation ni évolution.

Crâne de belette

Période : Miocène

Age : 23 à 5 millions d'années

Localisation : Chine

Les belettes, animaux de la famille des mustélidés, sont une autre forme de vie qui par la nature immuable de leurs traits depuis des millions d'années réfutent le concept d'évolution.

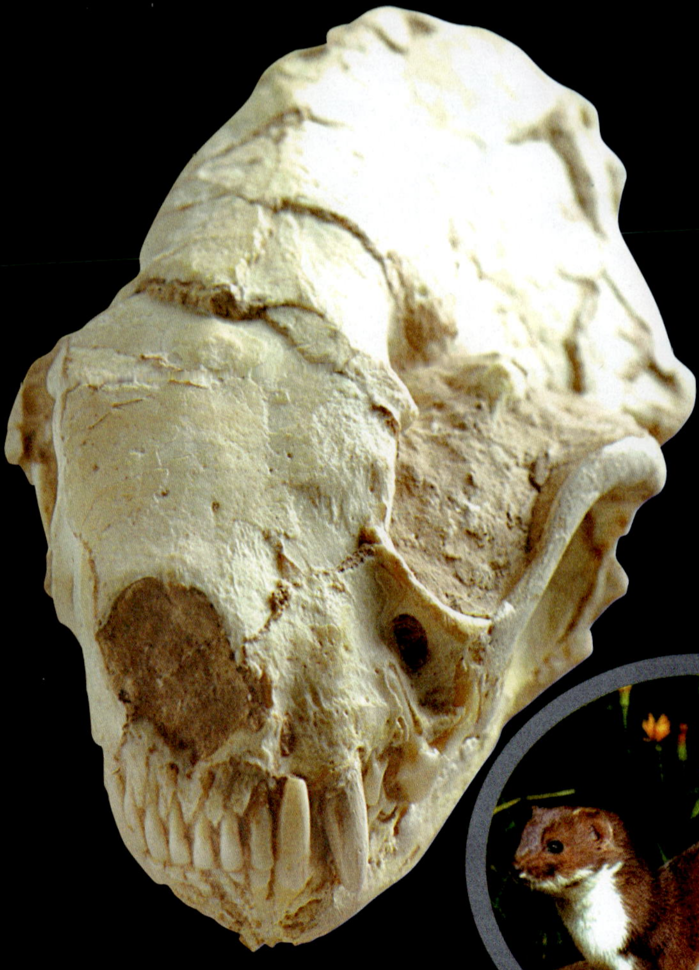

Les darwinistes prétendent que les formes de vie marines sont les ancêtres des reptiles. C'est ainsi que des poissons privés d'eau se seraient trouvés obligés de sauter sur la terre et de devenir des reptiles. Or, aucun fossile de créature mi-poisson/mi-reptile n'a été découvert pour défendre ce scénario. Parmi les centaines de milliers de fossiles disponibles à ce jour, les poissons apparaissent toujours distinctement en tant que poissons et les reptiles en tant que reptiles. Chaque fossile découvert est identique à son homologue vivant aujourd'hui ou alors il correspond à une espèce ayant existé autrefois mais qui s'est éteinte.

Le fossile de crocodile datant de 65 millions d'années ici représenté illustre bien que les crocodiles ont toujours existé en tant que crocodiles.

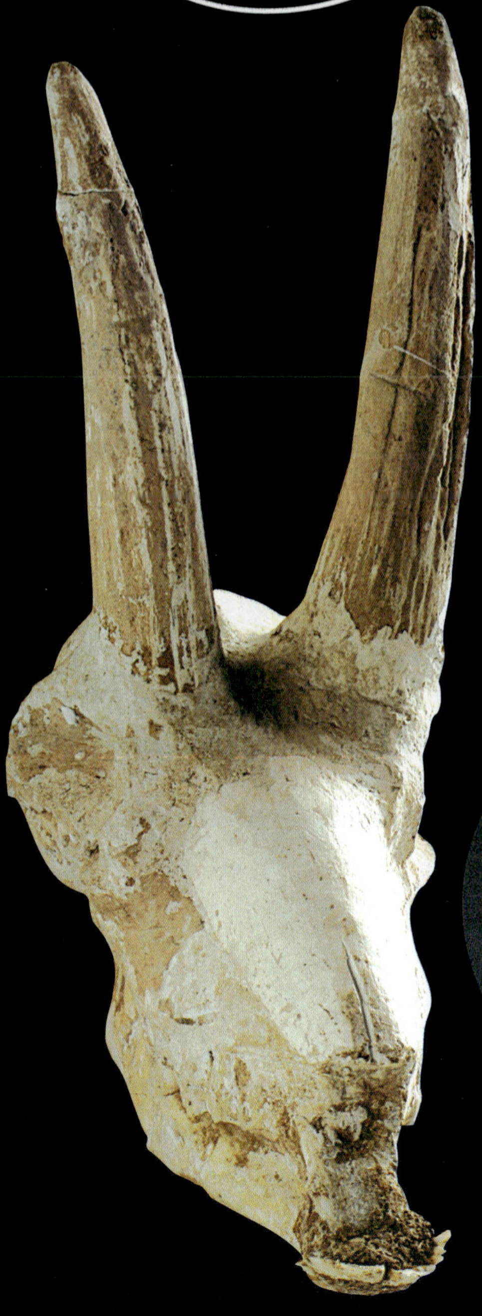

Crâne d'antilope

Période : Crétacé

Age : 83 millions d'années

Localisation : Chine

Les archives fossiles portent un coup fatal au darwinisme, mais les évolutionnistes refusent de rectifier leur position. Au lieu de se concentrer sur leurs découvertes fossiles, ils préfèrent élaborer des scénarios imaginaires et faire de la démagogie dans un souci de propagande.

Même si les évolutionnistes fuient les faits, des millions de fossiles comme ce crâne d'antilope de 83 millions d'années proclament que l'évolution ne s'est jamais produite.

Crâne de lapin

Période : Oligocène

Age : 33 millions d'années

Localisation : Etats-Unis

Si les théories darwinistes voyaient juste, alors des fossiles de lapins étranges avec un crâne partiellement développé, des moitiés d'oreilles et de mâchoires auraient été découverts au cours des fouilles effectuées. Or pas le moindre fossile de lapin semi-développé n'a été trouvé. Tous les fossiles de lapins sont complètement formés et présentent des caractéristiques parfaites, à l'image de ce fossile de 33 millions d'années ici représenté. Ceci étant, les darwinistes n'ont plus besoin de persister dans leur erreur, car les fossiles ne jouent absolument pas en leur faveur. La science vient défendre la création et non l'évolution.

Le crâne de diable de Tasmanie datant de 32 millions d'années ici représenté prouve que cette espèce n'est jamais passée par des étapes intermédiaires d'évolution.

Crâne de diable de Tasmanie

Période : Oligocène

Age : 32 millions d'années

Localisation : Chine

Larve de salamandre

Période : Permien

Age : 290 millions d'années

Localisation : Allemagne

Malgré l'absence de preuves, les évolutionnistes affirment que les poissons sont les ancêtres des amphibiens dont la salamandre est spécimen. Or un nombre considérable de changements serait nécessaire pour que le poisson soit capable de se transformer en amphibien.

Il devrait donc exister autant de formes intermédiaires. On devrait pouvoir trouver des créatures étranges avec des pattes semi-formées, des moitiés de nageoires, des bouts de branchies, des poumons ou des reins partiellement développés dont le nombre avoisinerait les millions. On ne dispose cependant pas du moindre spécimen dans les archives fossiles. Ces dernières ne contiennent que des poissons pleinement formés et des amphibiens tout à fait formés, mais pas de formes intermédiaires. De temps à autres, les évolutionnistes reconnaissent cet état de faits, même s'il réfute entièrement leur théorie.

Les recherches ont révélé des fossiles de tortues datant de 300 millions d'années en moyenne. Celui sur l'image est d'environ 98 millions d'années. De tels fossiles prouvent incontestablement que les tortues n'ont pas changé depuis toutes ces années et qu'elles ont gardé leur forme originelle : les êtres vivants n'ont pas évolué mais ils ont été créés par Dieu Tout-Puissant.

Tortue
Période : Crétacé
Age : 98 millions d'années
Localisation : Chine

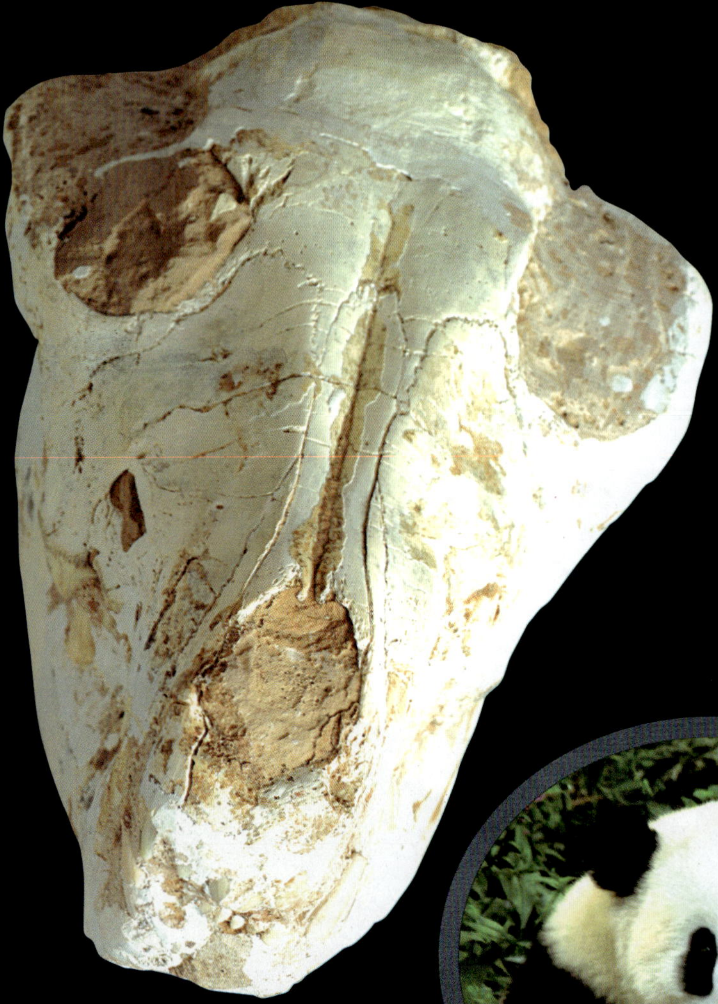

Les pandas de la famille des ailuridés ne se nourrissent que de pousses de bambous. Ils vivent dans les régions occidentales de la Chine.
Les pandas ayant existé il y a 96 millions d'années présentent les mêmes traits que les pandas d'aujourd'hui. Ce fait prouvé par les fossiles est à la portée de tous. Pourtant les darwinistes continuent à fermer les yeux. Les êtres vivants ne sont pas nés d'un processus d'évolution. Tout est l'œuvre de Dieu.

Crâne de panda
Période : Crétacé
Age : 96 millions d'années
Localisation : Chine

Crâne de loup

Période : Eocène

Age : 51 millions d'années

Localisation : Taïwan

Les revendications des évolutionnistes concernant l'origine des mammifères s'assimilent à un grand nombre de scénarios irrationnels et illogiques, qui, dénués d'assise scientifique, sont matière à propagande. Ils peuvent bien évidemment inventer et utiliser ces hypothèses à loisir, mais il est faux de les présenter sous un angle scientifique. Selon les termes du biologiste Pierre Paul Grassé, "il n'y pas de loi contre les rêveries, mais la science ne doit pas s'y laisser aller". (Pierre Paul Grassé, Evolution of living organisms, New York: Academic Press, 1977, p. 103)

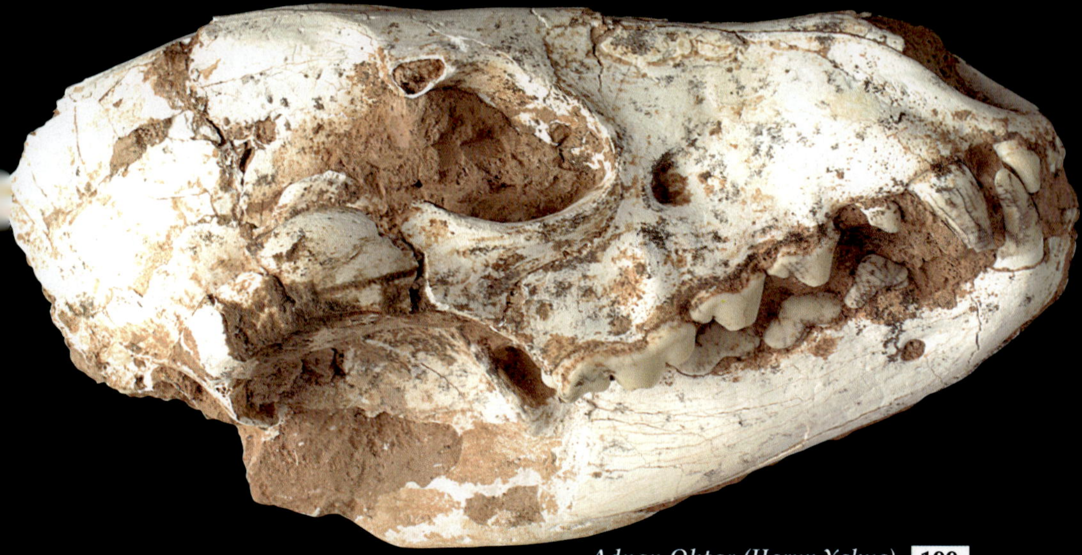

Serpent

Période : Eocène

Age : 50 millions d'années

Localisation : Allemagne

L'origine des reptiles laisse les évolutionnistes perplexes. Entre les différentes classes de reptiles (par exemple : les serpents, les alligators, les tortues et les lézards), il existe des frontières strictes. Les archives fossiles indiquent que chacune de ces classes est apparue soudainement avec ses caractéristiques propres. Ce fossile de serpent datant de 50 millions d'années suffit à démentir la théorie selon laquelle les reptiles auraient subi une évolution.

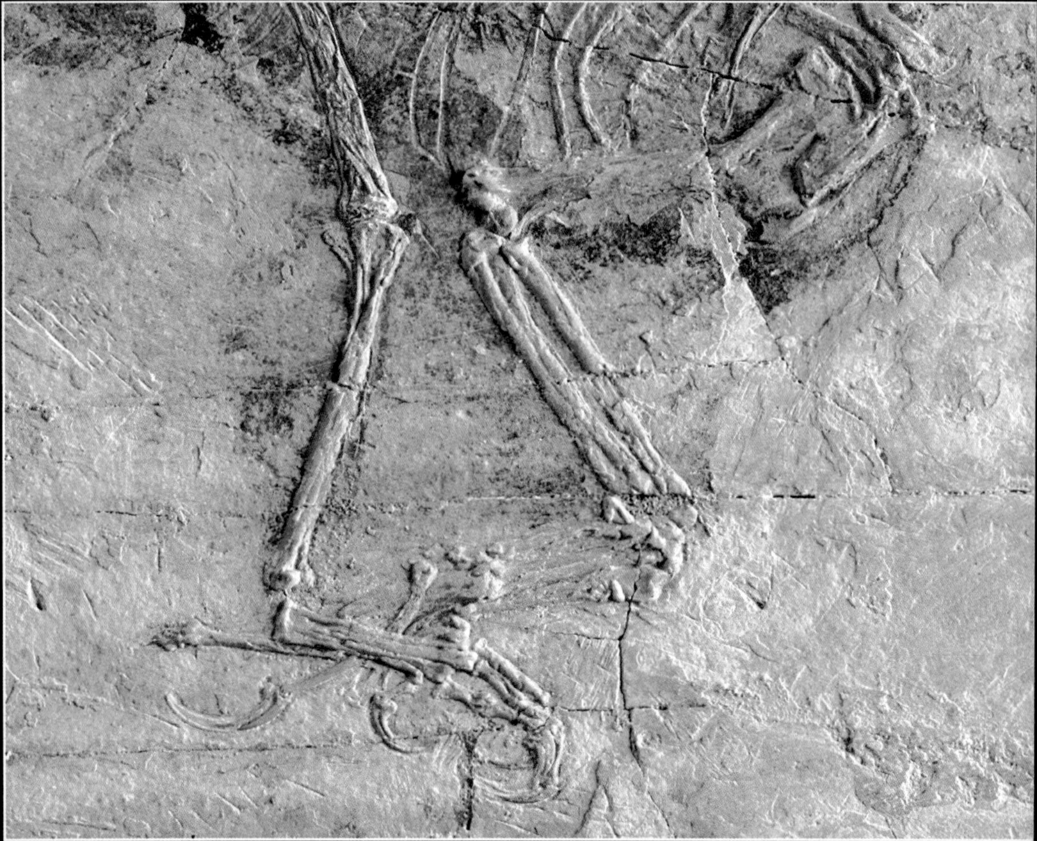

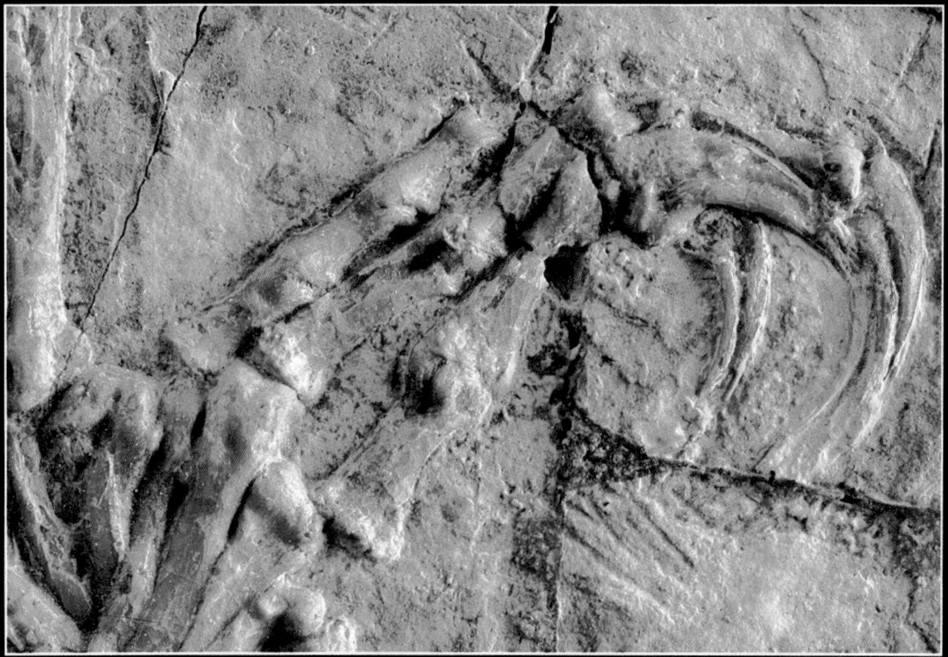

Pour décrire l'évolution imaginaire des oiseaux, les évolutionnistes se sont appuyés pendant des années sur l'archæoptéryx. Toutes les découvertes scientifiques ultérieures démontrèrent cependant qu'ils étaient dans le faux. Le fossile de Confuciusornis vient corroborer l'idée que l'archæoptéryx ne peut être le prétendu ancêtre des oiseaux. Cet oiseau de la même époque que l'archæoptéryx (il y a environ 140 millions d'années) n'a pas de dent. Son bec et ses plumes ont les mêmes caractéristiques que les oiseaux d'aujourd'hui. Son squelette est également identique. Ses ailes sont dotées de talons comme chez l'archæoptéryx. Le pygostyle qui soutient les plumes de la queue existe également chez cet oiseau. En somme, cette créature, de la même ère que l'archæoptéryx – que les évolutionnistes considèrent comme le plus ancien ancêtre des oiseaux, mi-reptile, mi-oiseau – semble très proche des oiseaux actuels. Cela constitue un revers considérable pour les évolutionnistes voyant dans l'archæoptéryx l'ancêtre primitif des oiseaux.

Ce fossile d'oiseau tient son nom du lieu où il fut découvert, à savoir le site fossilifère de Messel. Aucun des mécanismes présents chez les oiseaux – dont la structure est complètement différente des créatures terrestres – ne peut s'expliquer en termes de modèle évolutionniste progressif. Tout d'abord, les ailes – traits qui caractérisent les oiseaux – représentent une impasse totale pour la théorie de l'évolution. Les évolutionnistes reconnaissent eux-mêmes l'impossibilité pour un reptile de voler ainsi que la contradiction entre leur théorie et les archives fossiles. L'ornithologue Alan Feduccia demande par exemple :
Comment dériver un oiseau d'un reptile terrestre, lourd, bipède dont le corps est profond, dont la queue est lourde et les membres avant courts ? Biophysiquement, c'est impossible. ("Jurassic Bird Challenges Origin Theories", Geotimes, janvier 1996, p. 7)

Liaoningornis
Période : Crétacé
Age : 140 millions d'années
Localisation : Chine

La découverte de ce fossile de Liaoningornis disqualifie une fois de plus les idées évolutionnistes. Cet oiseau datant de 140 millions d'années fut découvert pour la première fois en Chine en novembre 1996. Cette découverte fut annoncée par les ornithologues Lianhin Hou, Martin et Alan Feduccia dans un article publié dans le magazine Science.

Le Liaoningornis avait un sternum auquel les muscles de vol étaient attachés, comme chez les oiseaux actuels. Il s'assimile aux oiseaux d'aujourd'hui à d'autres égards. La seule différence réside dans les dents qu'il avait. Cela démontre que les odontornithes (oiseaux à dents) n'avaient rien de primitif contrairement à ce qu'avancent les évolutionnistes. Dans une analyse dans le magazine Discover, Alan Feduccia affirme que le Liaoningornis abolit la théorie selon laquelle les dinosaures seraient les ancêtres des oiseaux. ("Old Bird", Discover, 21 mars 1997)

Liaoxiornis
Période : Crétacé
Age : 144 à 65 millions d'années
Localisation : Chine

Tous les fossiles découverts témoignent que les oiseaux ont toujours existé en tant qu'oiseaux et qu'ils n'ont pas évolué d'autres formes de vie. Les darwinistes prétendent, au contraire, que les oiseaux évoluèrent d'animaux terrestres en dépit des fossiles disponibles. Ils sont, en effet, incapables d'expliquer comment un processus évolutionniste et des mécanismes fortuits tels que les mutations ont pu faire naître les ailes et le mécanisme de vol.

Le biologiste turc Engin Korur admet l'impossibilité d'une évolution des ailes:

Les yeux et les ailes ont le point commun de ne pouvoir fonctionner que s'ils sont pleinement formés. Autrement dit, il est impossible de voir avec un œil déficient et il est impossible de voler avec une moitié d'aile. Comment ces organes sont apparus est l'un des mystères de la nature encore non résolu. (Engin Korur, " Gozlerin ve Kanatlarin Sirri" (Le secret des yeux et des ailes), Bilim ve Teknik, no. 203, octobre 1984, p. 25)

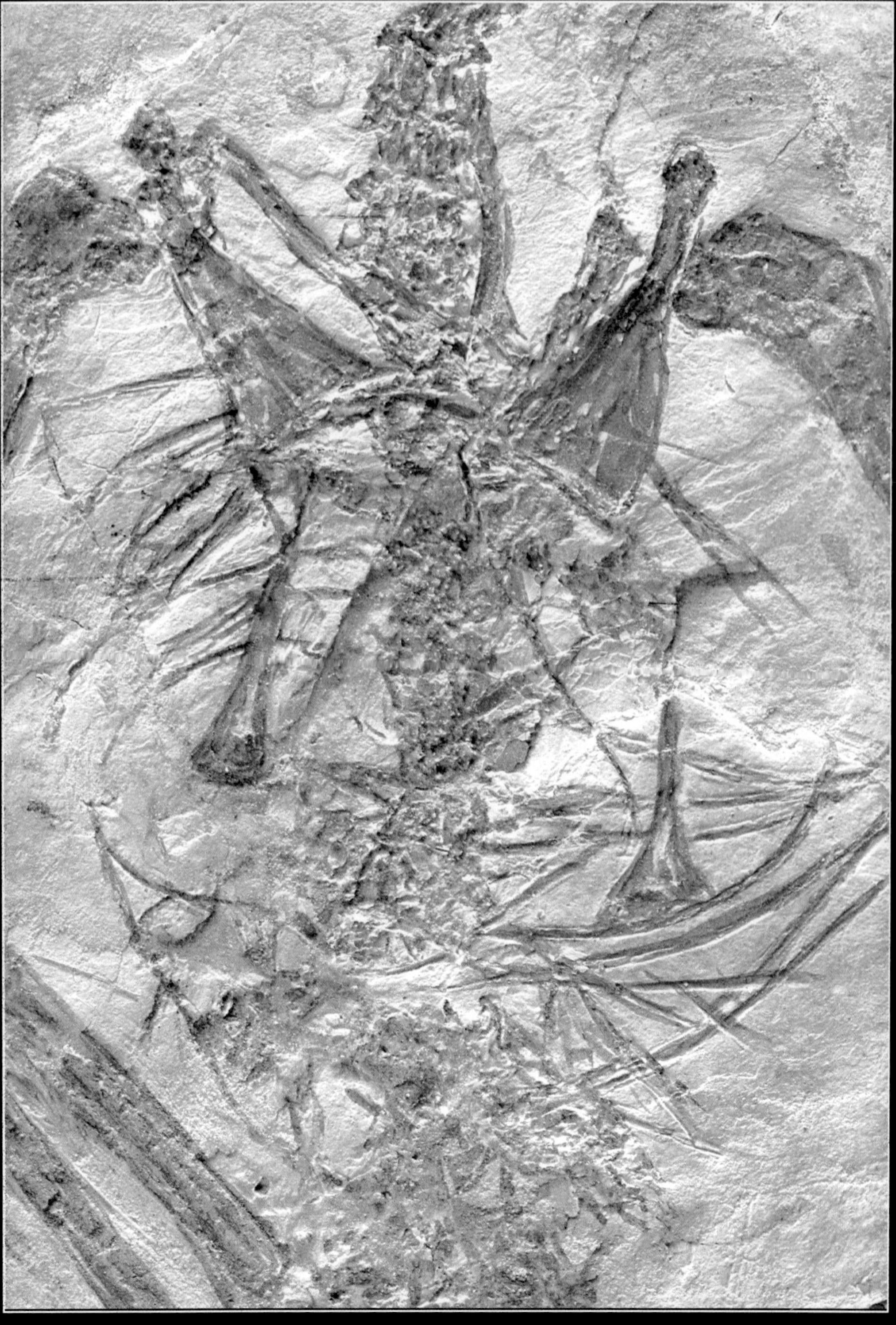

Les puissants muscles des ailes doivent être fermement attachés au sternum de l'oiseau afin d'assurer une structure adaptée au vol de l'oiseau et d'établir un équilibre et les mouvements dans toutes les directions une fois en l'air. Il est essentiel que les plumes des ailes et de la queue soient légères, flexibles et proportionnelles. Leurs formes doivent permettre un aérodynamisme parfait pour rendre le vol possible.

La théorie de l'évolution se trouve alors face à un sérieux dilemme. Les évolutionnistes ne savent que répondre à la question de savoir comment la structure parfaite des ailes a pu naître après une série de mutations fortuites. L'évolution ne pourra jamais expliquer comment les pattes antérieures d'un reptile ont pu se transformer en aile parfaite suite à des modifications de ses gènes – c'est-à-dire des mutations.

Comme l'affirmait Engin Korur plus haut, le vol ne peut se faire avec une moitié d'aile. Par conséquent, même si l'on suppose qu'une mutation a pu causer certains changements dans les membres des reptiles, il est irrationnel de s'attendre à ce qu'une aile naisse par hasard, suite à une série de mutations.

Une mutation au niveau des pattes antérieures du reptile ne ferait pas pousser des ailes mais priverait l'animal de l'usage de ses pattes. Il en résulterait donc une créature désavantagée physiquement (autrement dit handicapée) en comparaison avec les autres membres de son espèce.

D'après la recherche biophysique, les mutations se produisent très rarement. Il est, par conséquent, impossible de s'imaginer que des créatures handicapées attendent des millions d'années que leurs ailes à moitié formées et inutiles se complètent par petites mutations.

Confuciusornis Sanctus

Période : Cretacé

Age : 12[illegible] millions d'années

Localisation : Chine

Le journal scientifique français Science et Vie fit le commentaire suivant à propos de cet oiseau, appelé Confuciusornis sanctus :

Selon les paléontologues chinois et américains ayant examiné le fossile... ils avaient affaire à une découverte de première classe. Cet oiseau volant, de la même taille qu'un râle d'eau, date d'environ 157 millions d'années... plus vieux que l'archéoptéryx. (Jean-Philippe Noël, "Les oiseaux de la discorde", Science et Vie, no. 961, octobre 1997, p. 83)

La portée de cette découverte est évidente. Le fait que le Confuciusornis vécut à la même époque qu'une créature supposée être l'ancêtre des oiseaux – et le fait qu'il présente une forte ressemblance avec les oiseaux actuels – invalide complètement les affirmations des évolutionnistes.

L'une des différences structurelles entre les oiseaux et les reptiles réside dans la structure osseuse. Les os des dinosaures – supposés être les ancêtres des oiseaux d'après les évolutionnistes – sont épais et solides, et donc très lourds. En revanche, les os des oiseaux – chez les espèces vivantes et disparues – sont tous creux et donc très légers, ce qui a son importance quand il s'agit de voler.

Une autre différence majeure entre les oiseaux et les reptiles se situe dans les rythmes métaboliques. Les métabolismes des reptiles sont parmi les plus lents sur terre, alors que ceux des oiseaux sont les plus hauts. De par la vitesse de son métabolisme, un moineau peut voir sa température grimper à 48°C. Les reptiles sont incapables de générer leur propre chaleur corporelle, c'est pourquoi ils prennent des bains de soleil pour se réchauffer. Les reptiles consomment un minimum d'énergie, tandis que les oiseaux en consomment un maximum.

Bien qu'étant évolutionniste, Alan Feduccia s'oppose fermement à l'idée d'une ascendance entre les oiseaux et les dinosaures. Il dit à ce sujet :

A vrai dire, j'ai étudié les cranes d'oiseaux pendant 25 ans et je ne vois pas la moindre similitude. Je n'en vois tout simplement pas... Les origines théropodes des oiseaux, à mon avis, seront le plus grand embarras de la paléontologie du 20ème siècle. (Pat Shipman, "Birds Do it... Did Dinosaurs?", New Scientist, 1 février 1997, p. 28)

SPECIMENS DE FOSSILES D'INSECTES

Charançon

Période : Oligocène

Age : 25 millions d'années

Localisation : République Dominicaine

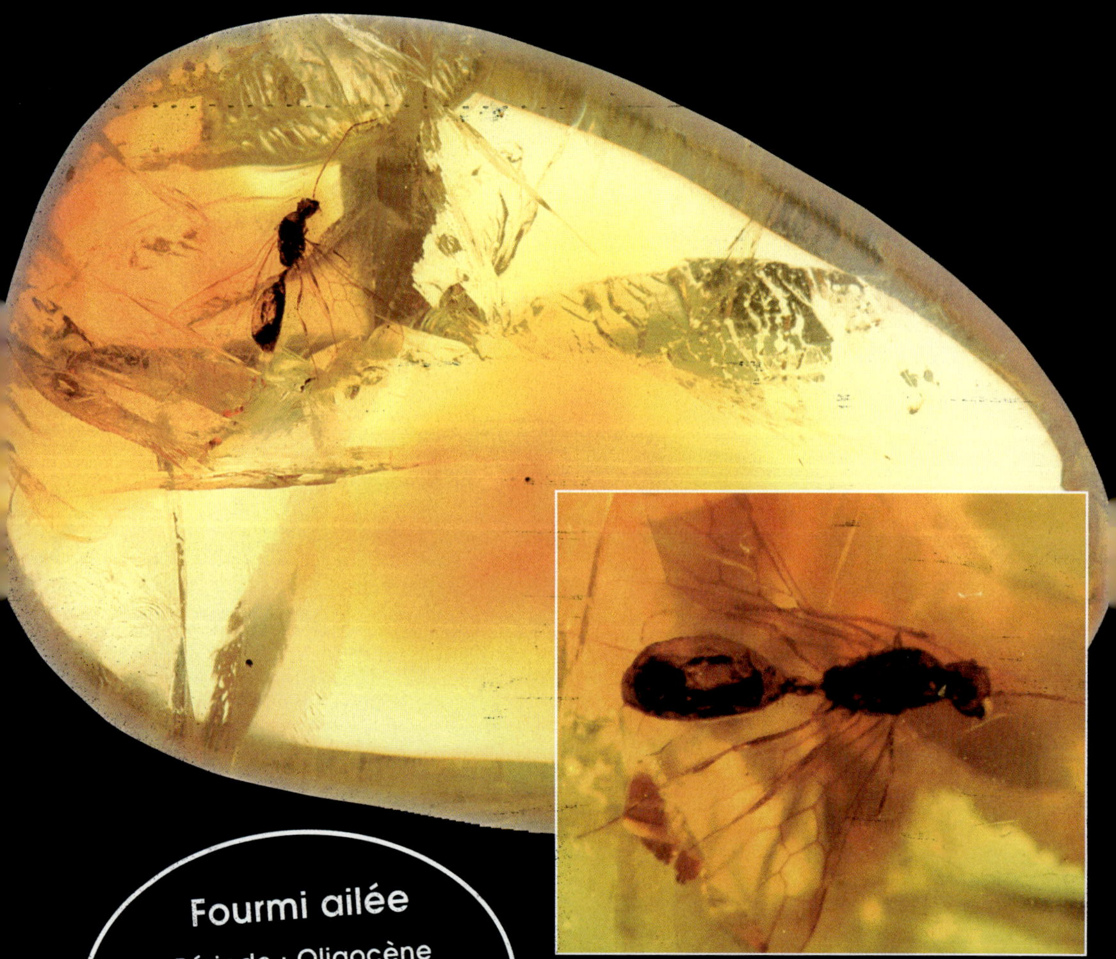

Fourmi ailée

Période : Oligocène

Age : 25 millions d'années

Localisation : République Dominicaine

Les fourmis ailées sont dotées de deux longues ailes de 5 à 8 millimètres de longueur. Elles construisent leur nid près des sources de nourriture et d'eau. Ces fourmis sont inchangées depuis des millions d'années.

Cet ambre de 25 millions d'années emprisonnant une fourmi montre que ces insectes sont restés identiques depuis des millions d'années. En d'autres termes, les fourmis ailées n'ont pas subi de processus d'évolution.

Guêpe Scelionidae

Période : Oligocène

Age : 25 millions d'années

Localisation : République Dominicaine

Les guêpes Scelionidae vivent généralement sous les feuilles mortes. Ces guêpes sont connues pour parasiter de nombreuses espèces d'insectes, notamment par leurs œufs. La guêpe ici représentée s'est fossilisée en plein vol, et ne présente aucune différence avec les spécimens d'aujourd'hui.

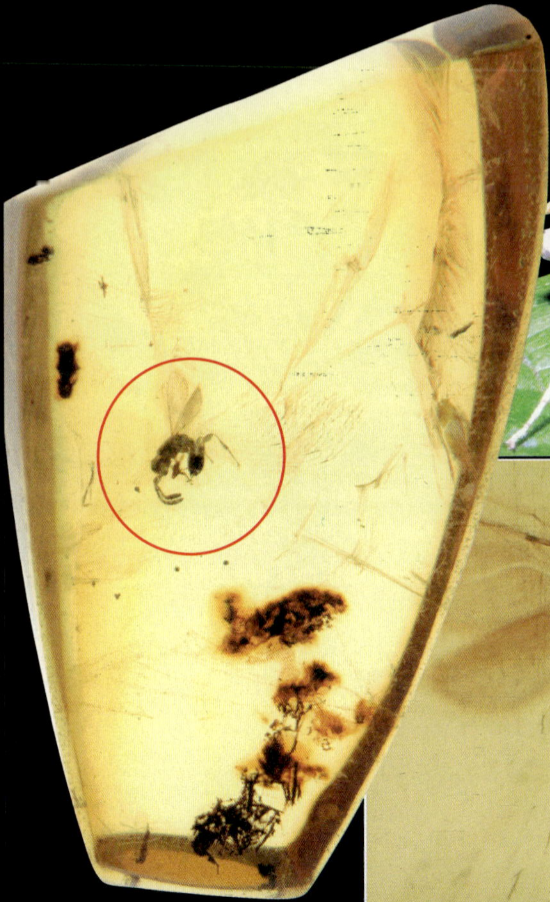

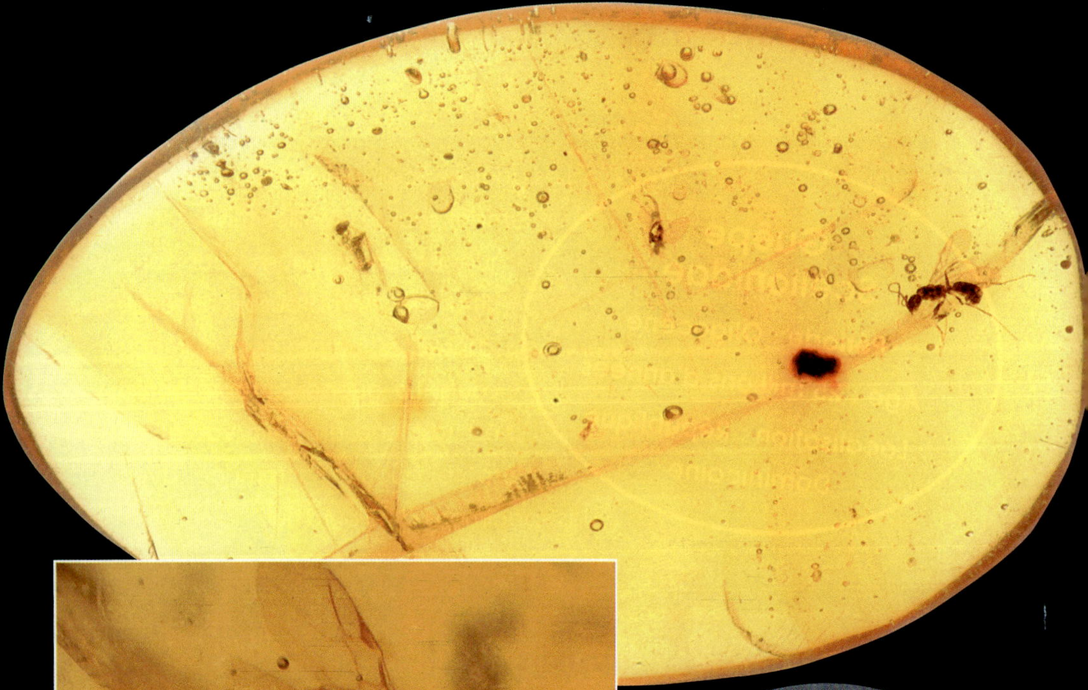

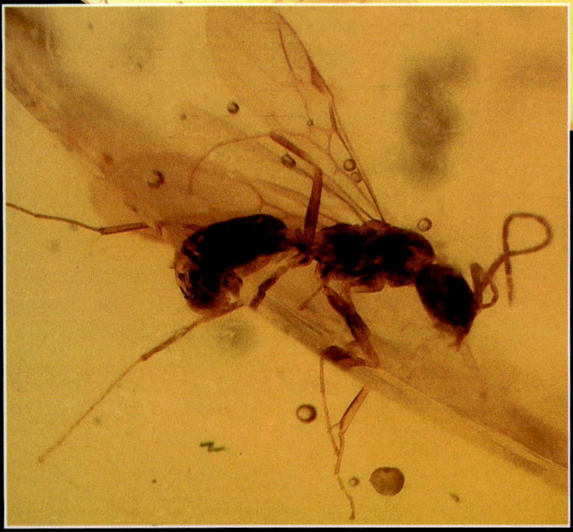

Fourmi ailée

Période : Oligocène

Age : 25 millions d'années

Localisation : République Dominicaine

Les fourmis ailées remontant à 25 millions d'années ne présentent pas de différences avec les spécimens actuels. Identiques en dépit du passage de millions d'années, ces fourmis sont la preuve que l'évolution n'eut jamais lieu.

Les araignées actuelles présentent les mêmes caractéristiques que les araignées ayant vécu il y a des millions d'années. Cette araignée de 25 millions d'années fossilisée dans l'ambre en est la preuve.

Araignée

Période : Oligocène

Age : 25 millions d'années

Localisation : République Dominicaine

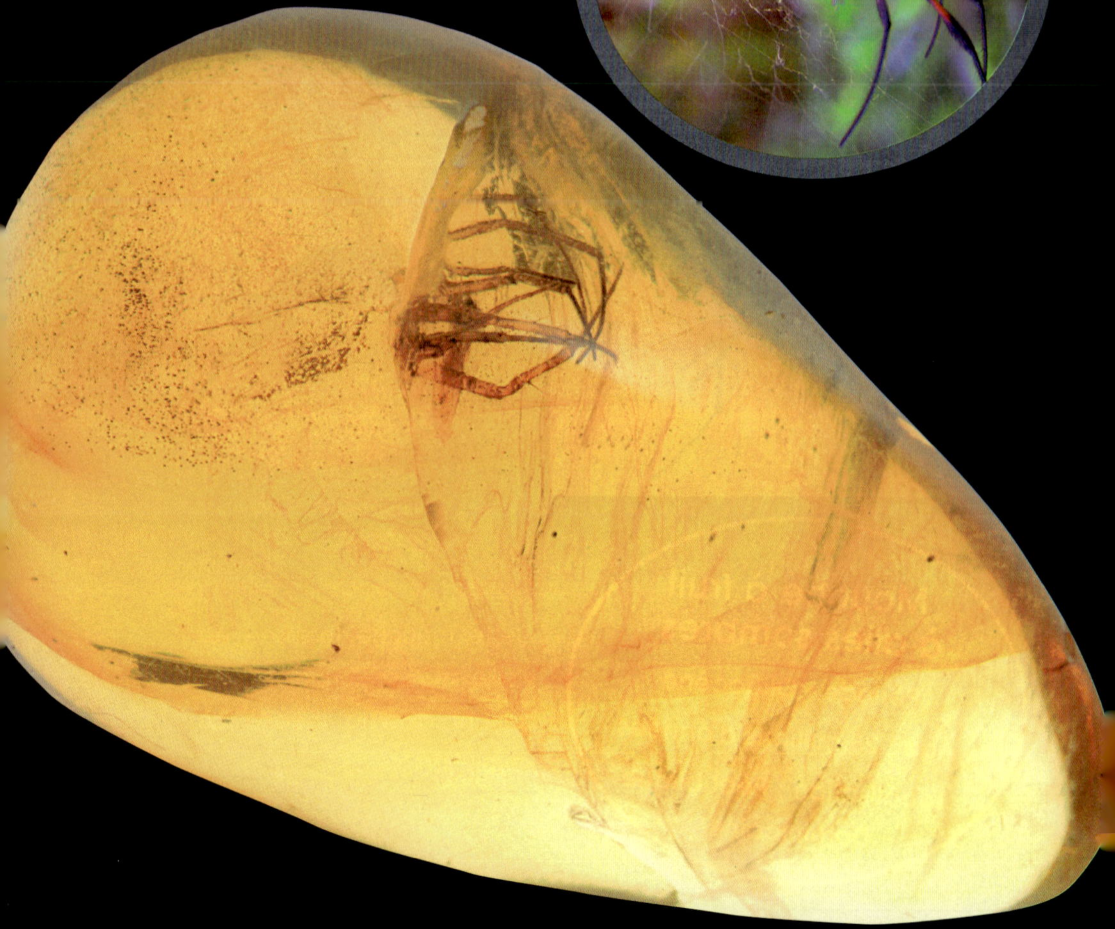

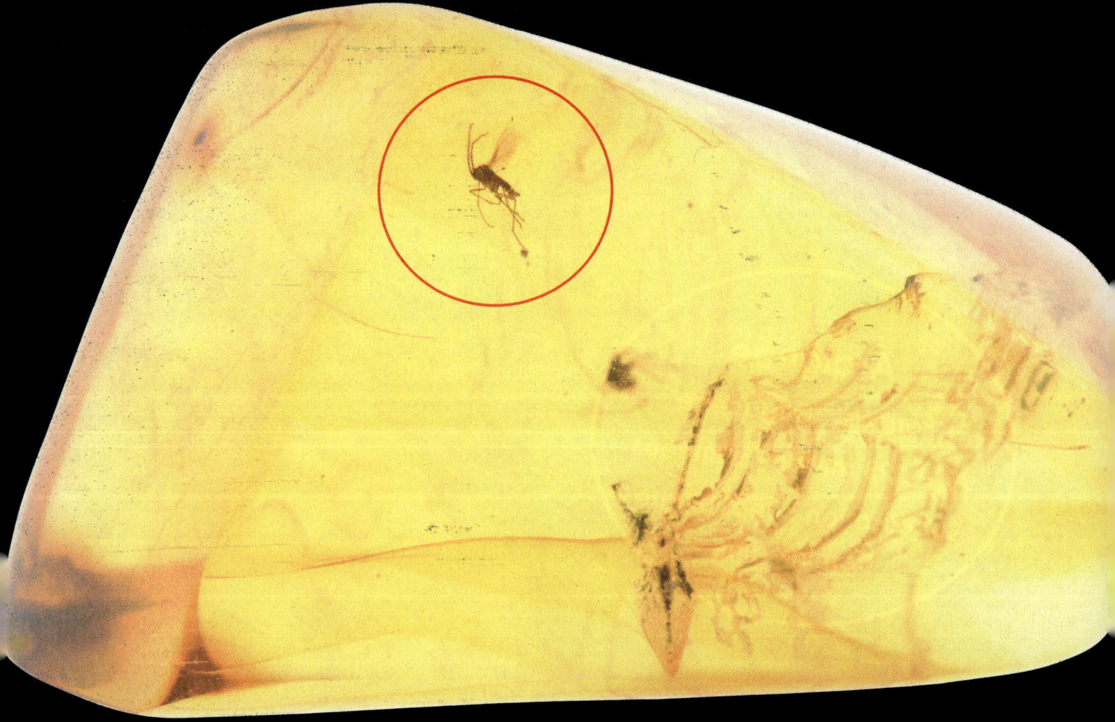

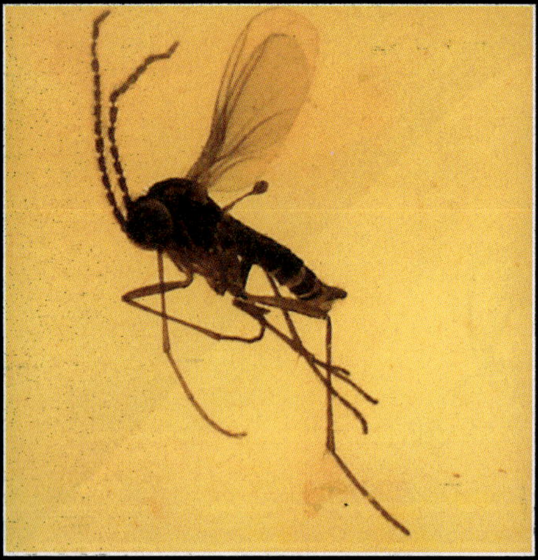

Mouche à fruit à ailes sombres

Période : Oligocène

Age : 25 millions d'années

Localisation : République Dominicaine

Cette mouche fossilisée est vieille de 25 millions d'années, défiant ainsi la théorie de l'évolution.

Sauterelle

Période : Oligocène

Age : 25 millions d'années

Localisation : République Dominicaine

Les spécimens de sauterelles fossilisées sont identiques aux sauterelles vivant aujourd'hui. Cette immuabilité depuis des millions d'années prouve que l'évolution n'eut jamais lieu.

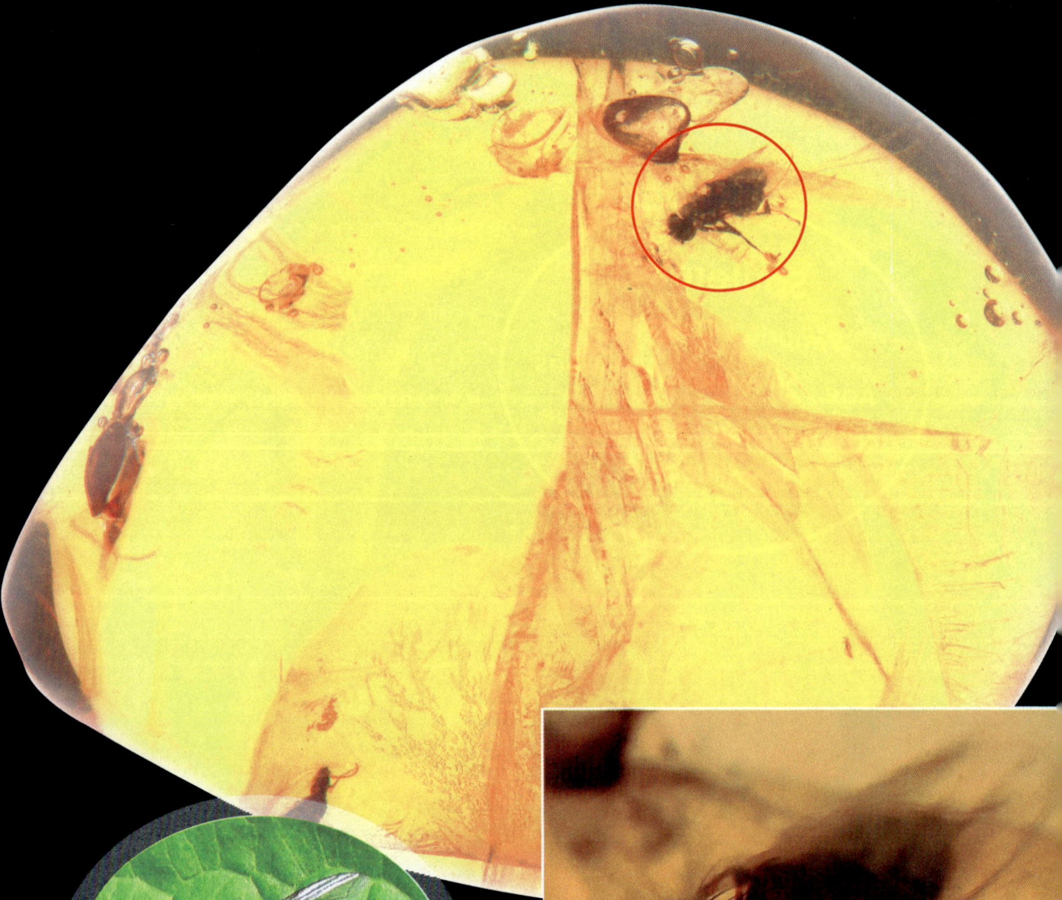

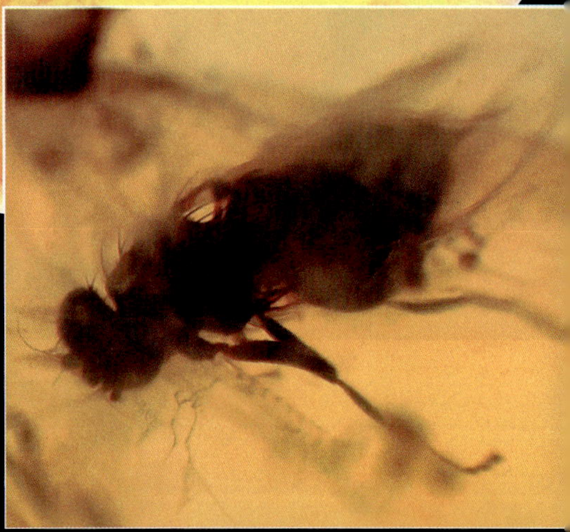

Mouche

Période : Oligocène

Age : 25 millions d'années

Localisation : République Dominicaine

Les mouches ont toujours existé en tant que mouches. Ne descendant pas d'une autre forme de vie, elles ne subirent aucune étape intermédiaire d'évolution. La preuve est ce fossile de 25 millions d'années.

Collembole

Période : Oligocène

Age : 25 millions d'années

Localisation : République Dominicaine

Les collemboles datant de 25 millions d'années se révèlent identiques aux collemboles de nos jours.

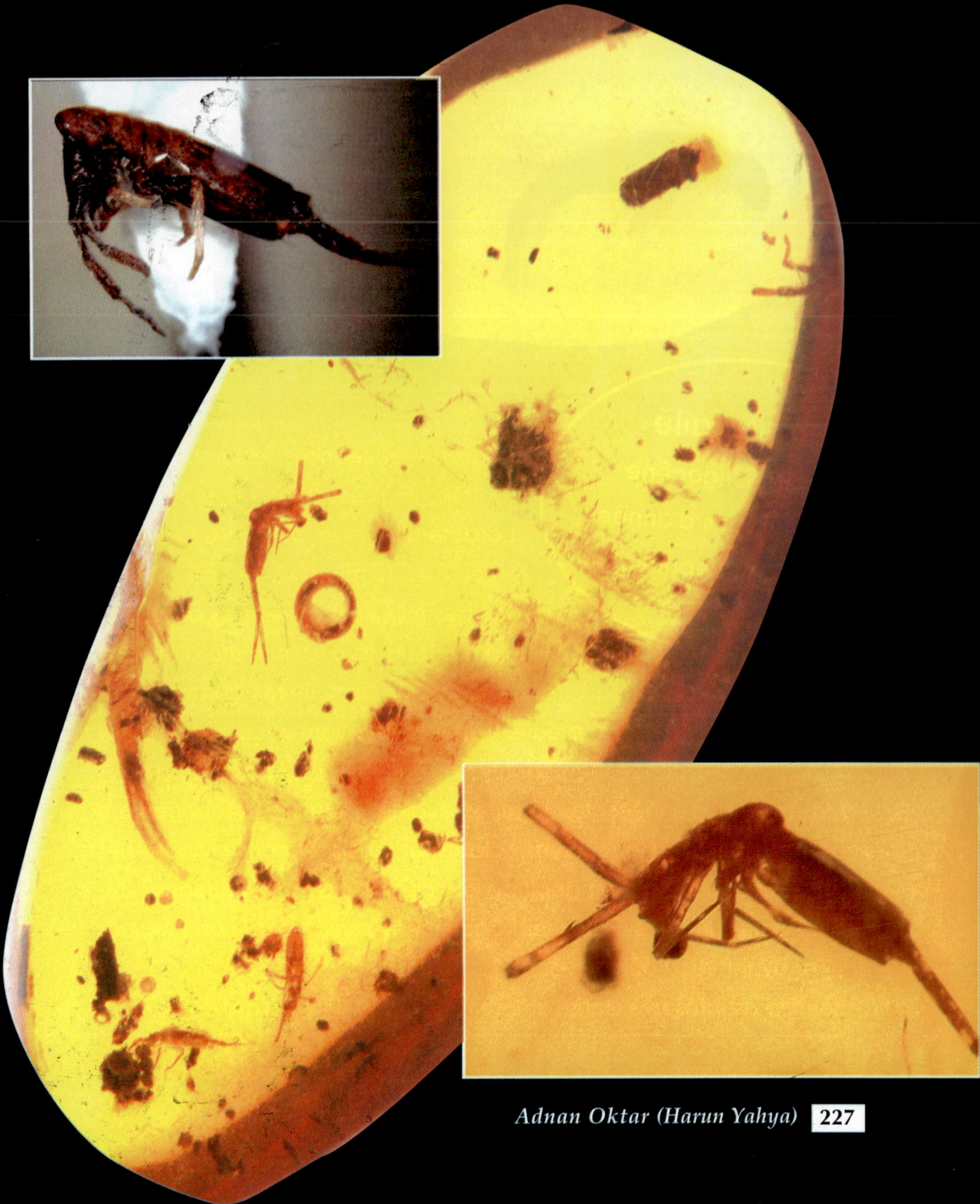

Termite ailé

Période : Oligocène

Age : 25 millions d'années

Localisation : République Dominicaine

Bien que les termites ressemblent aux fourmis, ils présentent en réalité des caractéristiques et aptitudes très différentes. Les termites vivent en colonie depuis des millions d'années. Ils ont survécu jusqu'à nos jours sans la moindre altération dans leurs traits. Les fossiles de termites datant de 25 millions d'années en sont la preuve. Les termites ayant vécu au cours des derniers millions d'années sont identiques aux spécimens d'aujourd'hui. Il y a 25 millions d'années, les termites avaient déjà un comportement altruiste, nourrissaient leurs larves, soldats, et reines, et construisaient des nids de plusieurs mètres, en dépit de leur cécité. Les caractéristiques des termites d'aujourd'hui s'appliquent également, sans exception, à tous les termites ayant vécu auparavant.

Ce termite est préservé dans l'ambre depuis 25 millions d'années.

Perce-oreille

Période : Oligocène

Age : 25 millions d'années

Localisation : République Dominicaine

Des millions de fossiles réduisent littéralement au silence les darwinistes. Cet ambre préservant un perce-oreille de 25 millions d'années laisse les évolutionnistes sans argument. Ce fossile montre simplement que l'évolution n'eut pas lieu.

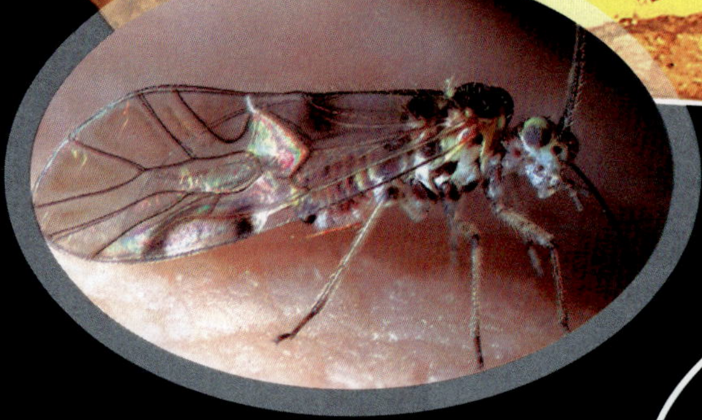

Psoque

Période : Crétacé

Age : 100 millions d'années

Localisation : Myanmar

Les psoques appartiennent à l'ordre des psocoptères. Les fossiles connus les plus anciens remontent au permien (il y a 290 à 248 millions d'années). Les psoques ici représentés vécurent il y a 100 millions d'années, au crétacé (il y a 144 à 65 millions d'années). Que ce soit au niveau de leurs ailes, de leurs yeux ou de leurs autres organes, les psoques sont restés inchangés depuis des centaines de millions d'années, ce qui réfute les scénarii dérivés de l'imagination évolutionniste.

L'ordre des hémiptères comprend des espèces d'insectes tels que les punaises des lits, les gendarmes et Reduviidae (voir photo). Lorsqu'on les compare, ce fossile de 25 millions d'années s'avère identique à ses homologues actuels.

Reduviidae

Période : Oligocène

Age : 25 millions d'années

Localisation : République Dominicaine

Cette conclusion remet totalement en question le mythe de l'évolution des insectes. Les insectes n'ont jamais évolué, contrairement à ce que défendent les darwinistes. Notre Seigneur Tout-Puissant créa les êtres vivants sous différentes formes, dont celui des insectes. Comme en témoigne ce spécimen, ils sont restés inchangés depuis des millions d'années.

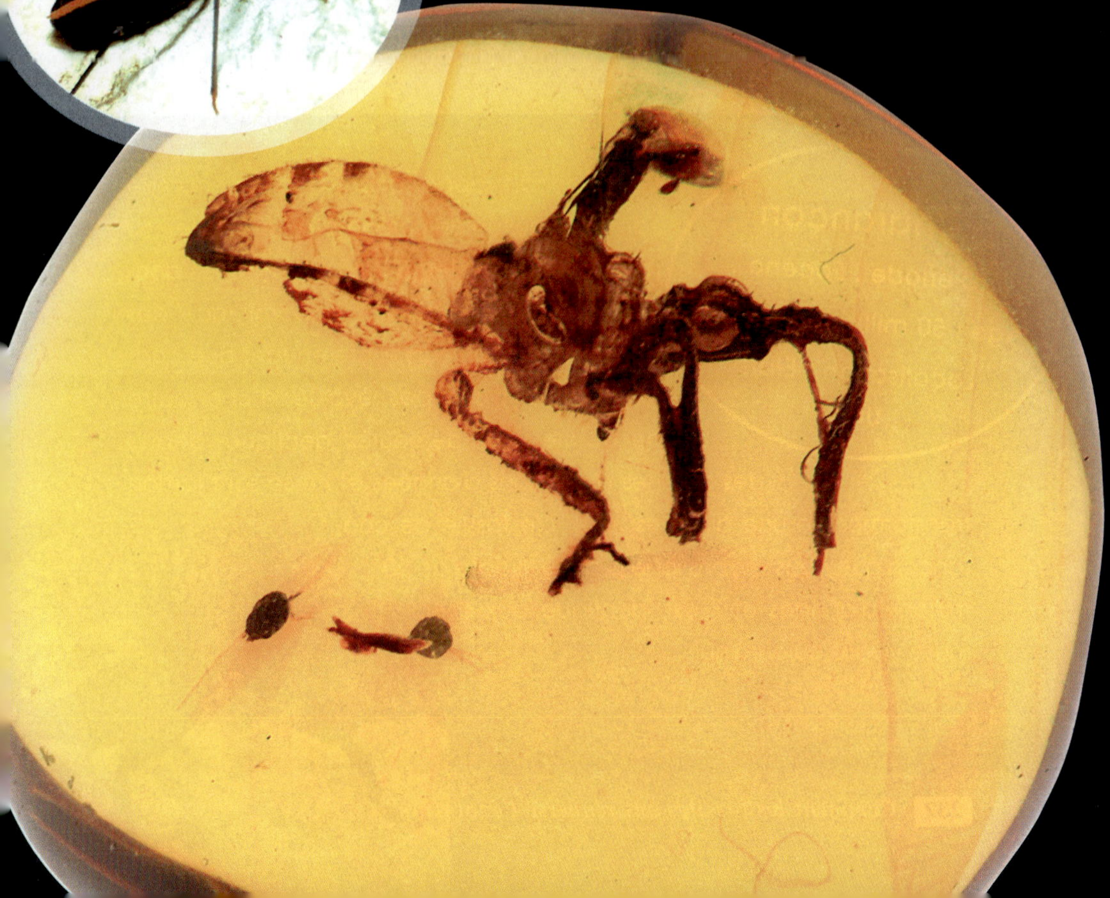

Charançon

Période : Eocène

Age : 50 millions d'années

Localisation : Etats-Unis

Le charançon, appartenant à la superfamille des curculionidés, compte plus de 60 espèces distinctes. Si l'on examine les données archéologiques, il apparaît que ces insectes ont toujours existé en tant que charançons, ils n'ont pas évolué d'une autre forme de vie, sont demeurés identiques depuis des dizaines de millions d'années et ne se sont jamais transformés en une autre espèce. Ce fossile de charançon que nous voyons ici le prouve. Il date de 50 millions d'années et il est identique aux spécimens vivant aujourd'hui.

Avec sa structure et son aspect inchangés depuis des dizaines de millions d'années, la mouche de la Saint Marc est une des innombrables formes de vie qui remet en question la théorie de l'évolution. Ces insectes, qui mesurent en moyenne de 3 à 12 millimètres de long, naissent au printemps, vivent près de la surface du sol et détériorent les plantes. Les créatures appartenant à cette famille font partie des plus vieux insectes connus.

Mouche de la Saint Marc

Période : Eocène

Age : 50 millions d'années

Localisation : Canada

Ces créatures de la famille des *Phasmatidae* sont capables de changer de couleurs selon la lumière, la température, l'humidité et même l'abondance alimentaire. Ce changement s'effectue par l'altération de la densité et la localisation des pigments ou par la formation de nouveaux pigments.* Ce phasme fossilisé depuis 50 millions d'années était déjà capable de ces prouesses, tout comme ses congénères actuels.

Quelles que soient les caractéristiques des Phasmatidae aujourd'hui, ceux qui existèrent il y a 50 millions d'années les possédaient déjà. En d'autres termes, cela revient à reconnaître l'invalidité de la théorie évolutionniste. (*Ali Demirsoy, Yasamin Temel Kuramlari (Les théories fondamentales de la vie), vol. II, partie II, p. 406)

Nitidule

Période : Oligocène
Age : 25 millions d'années
Localisation : République dominicaine

De tous les insectes de la famille des *nitidulidés*, seuls ceux qui vivent sur les fleurs sont considérés comme des nuisibles. La grande majorité de l'espèce se nourrit de pollen et de sève.

Les coléoptères présentent les mêmes caractéristiques que ceux qui vécurent il y a des millions d'années. Cette réalité confirmée par les découvertes fossiles signifie que les insectes en question ne se sont pas formés par étapes, ou autrement dit qu'ils n'ont pas évolué.

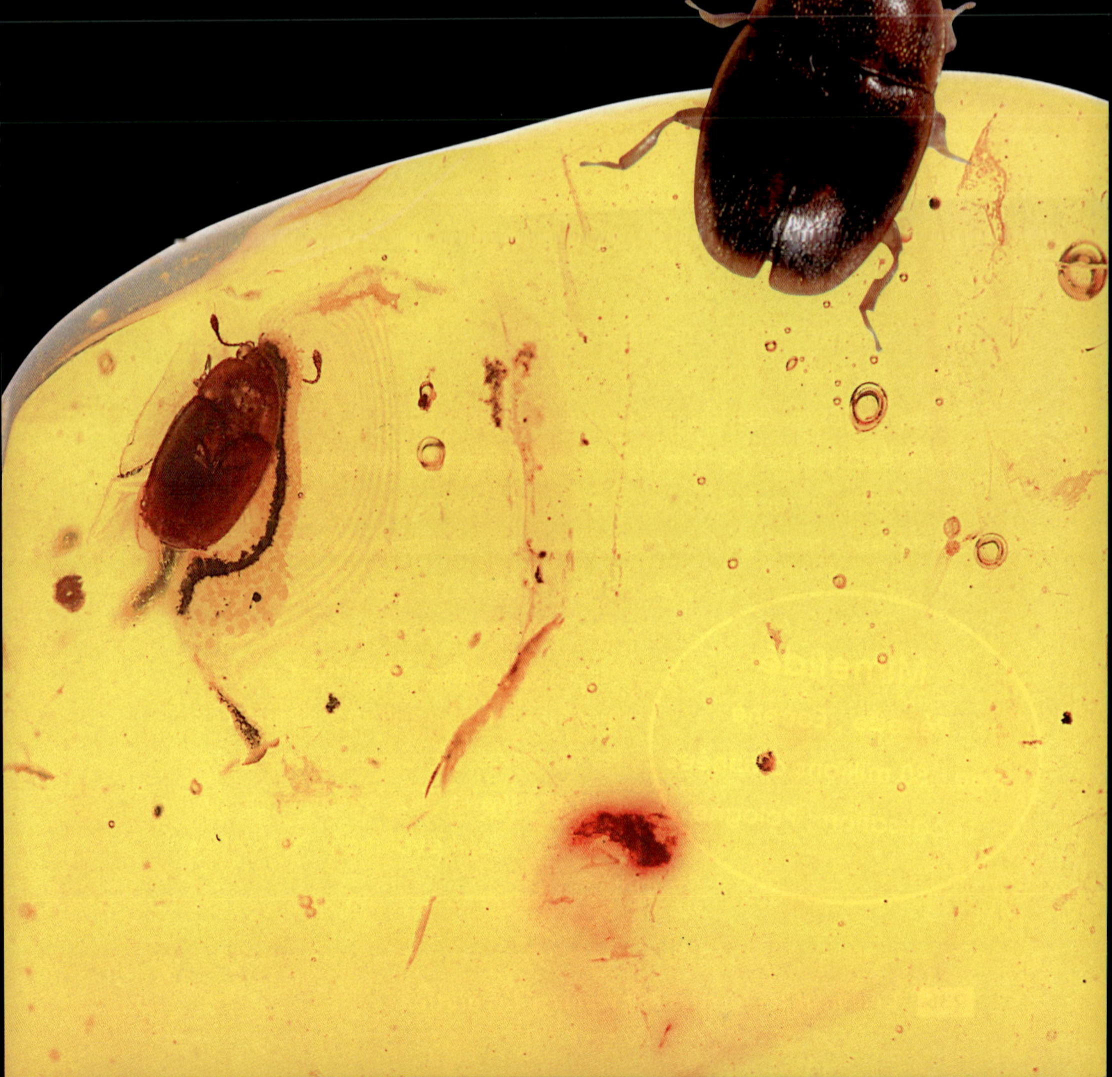

Ces araignées font partie de la famille des mimétidés. L'une de leurs caractéristiques majeures est leur mode de neutralisation des prédateurs et de capture de leurs proies en les aspergeant de sécrétions. On recense quelques 200 espèces connues. Qu'il s'agisse de leurs traits anatomiques, de leur méthode de tissage des toiles ou des techniques de chasse, chacune des espèces ayant existé il y a des millions d'années présentent exactement les mêmes caractéristiques que les araignées actuelles. N'est-ce pas là la preuve la plus parlante de l'inexistence de l'évolution des êtres vivants ?

Mimetidé

Période : Eocène

Age : 50 millions d'années

Localisation : Pologne

Dolichopodidae

Période : Eocène

Age : 45 millions d'années

Localisation : Russie

Comme cette mouche de la famille des Dolichopodidae, les centaines de fossiles de ce livre (et les milliards disponibles sur terre) sont des preuves claires du fait que l'évolution n'a jamais eu lieu et que les êtres vivants ont fait leur apparition sur terre parfaitement formés et en à un moment donné.

Autrement dit, ils ont été créés. Dieu Tout-Puisssant, Seigneur de la terre et des cieux et tout ce qu'ils contiennent créa l'univers entier ainsi que l'infinité d'entités vivantes et non-vivantes le peuplant.

Egarés par leurs idées préconçues, les évolutionnistes défendent leur théorie avec une profonde ignorance. La meilleure réponse à une telle attitude nous provint des fossiles, car ils réfutent de façon indiscutable le mythe de l'évolution.

Les libellules se distinguent par leur incroyable capacité à manœuvre. Quelle que soit leur vitesse ou leur direction, elles peuvent s'arrêter brusquement et repartir dans la direction opposée. Il leur est également possible de faire de surplace, dans l'attente d'une position favorable pour attaquer leur proie. Elles peuvent faire un revirement total et se jeter sur leur proie.

Libellule et larve d'éphémère

Période : Crétacé

Age : 128 millions d'années

Localisation : Chine

En très peu de temps, la libellule est capable d'atteindre une vitesse de 40km/heure, une vitesse étonnante pour un insecte. (Les sprinters olympiques du 100 mètres atteignent 39km/h.) Quel modèle d'évolution graduée parvient à expliquer l'in-

croyable agilité de la libellule ? Ses ailes restent un mystère total pour les évolutionnistes.

Les fossiles les plus anciens de libellules ne présentent aucune différence avec les spécimens existant aujourd'hui. Nulle part la trace d'une semi-libellule ou d'une libellule dont les ailes sont en voie de développement n'existe. Comme tous les autres êtres vivants, ces insectes sont apparus de façon soudaine et ont survécu tels quels jusqu'à nos jours, sans avoir connu d'évolution. Ils furent, de toute évidence, créées par Dieu.

Phasme

Période : Eocène

Age : 45 millions d'années

Localisation : Russie

Le phasme est connu pour ses mouvements lents et imposants et son superbe camouflage. Avec son corps allongé, ses antennes et sa couleur, il ressemble en effet à une fine brindille. Il peut de ce fait parfois être difficile de distinguer un phasme sur une plante sauf si celui-ci s'en éloigne. Les animaux qui utilisent ces différentes formes de camouflage jouissent d'une protection particulière grâce à leurs structures corporelles, leur forme, leur couleur et leur modèle, tout est fait pour qu'ils se fondent dans leur environnement. Comme on peut l'observer avec ce spécimen, les créatures vivantes possèdent des structures bien organisées et complexes ce qui invalide totalement les affirmations de la théorie de l'évolution basées sur la notion de "hasard". Chaque créature vivante est une preuve de la création. Cette capacité innée de camouflage n'en est qu'une preuve supplémentaire.

Guêpe
Période : Crétacé
Age : 125 millions d'années
Localisation : Brésil

A. Brouwer, auteur du livre General paleontology résume la défaite essuyée par le darwinisme :
"L'un des résultats négatifs les plus surprenants de la recherche paléontologique au cours du siècle dernier est la rareté inhabituelle des formes transitionnelles. A l'époque de Darwin, cela a pu être imputé à la nature incomplète des archives paléontologiques et au manque de connaissance, mais avec le nombre immense d'espèces fossiles qui ont été découverts depuis, d'autres causes doivent être trouvées à cette quasi-absence de formes transitionnelles." (A. Brouwer, General paleontology, Edinburgh&London: Oliver&Boyd, 1967, pp. 162-163)
Les évolutionnistes n'ont nul besoin de rechercher de nouvelles excuses, comme l'annonce Brouwer. Il leur suffit d'ouvrir les yeux sur les faits. Un nombre infini de fossiles, tels que ce fossile de guêpe remontant à 125 millions d'années, démontre que l'évolution n'a jamais eu lieu et que tous les êtres vivants furent bel et bien créés.

Plécoptère (Perle)

Période : Eocène

Age : 50 millions d'années

Localisation : Russie

Les plécoptères varient en longueur de 5 à 10 millimètres et ont deux longues antennes ; leurs larves sont utilisées comme des appâts de pêche. Ils sont aussi restés identiques depuis des millions d'années. Ce fossile de plécoptère de 50 millions d'années est identique à ceux qui existent de nos jours.

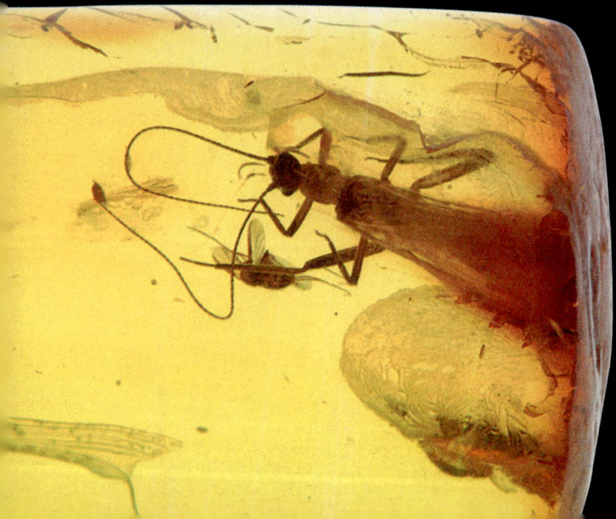

Guêpe parasite

Période : Eocène

Age : 50 millions d'années

Localisation : Russie

Sur l'image, nous voyons une guêpe parasite de 50 millions d'années conservée dans l'ambre Baltique. Comme tous les autres êtres vivants, les guêpes parasites, qui sont restées identiques depuis 50 millions d'années, montrent que l'évolution ne s'est jamais produite et que Dieu les a créées.

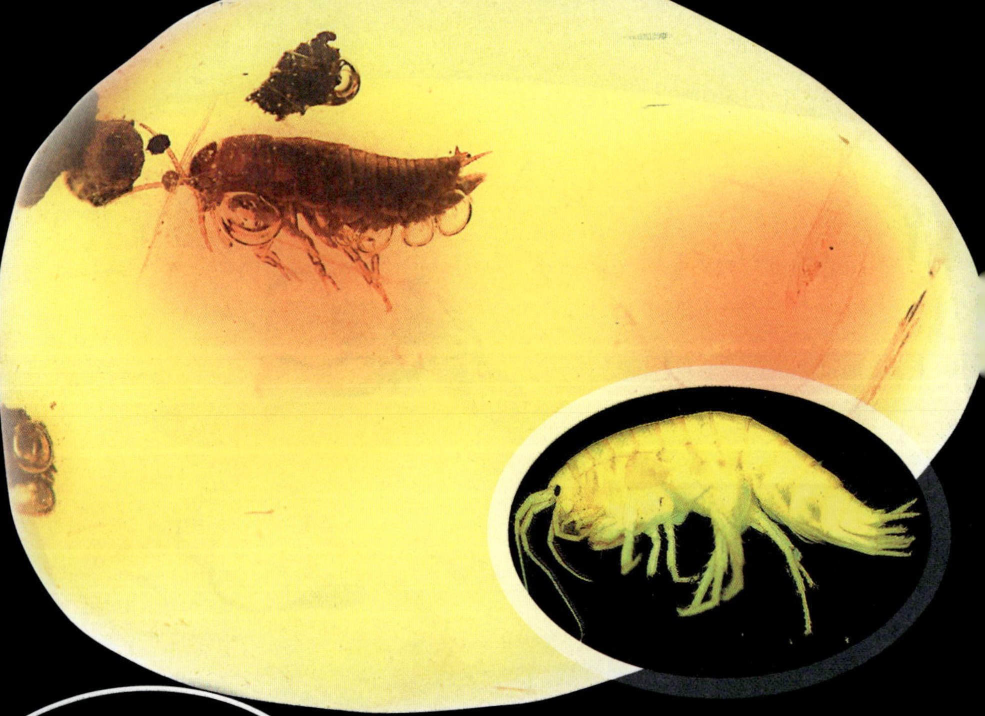

Puce de sable
Période : Oligocène
Age : 25 millions d'années
Localisation : République Dominicaine

Les amphipodes morphologiquement proches des cloportes sont représentés par deux sous-ordres. Ils vivent aussi bien dans les mers que dans les eaux douces profondes, tandis que d'autres espèces vivent sur les terrains des régions chaudes et humides.

Les insectes optant pour un habitat en bordure de mer se distinguent par leur incroyable sens de la direction.

Ils sont la création de Dieu. A Dieu revient le contrôle de l'univers entier, des galaxies et de leurs délicats équilibres, de la vie sur terre, de toutes les variétés connues ou non des êtres vivants, de leurs modes de vie, des êtres humains, de la moindre enzyme dans l'ADN chez chaque être vivant, de la moindre feuille qui tombe de l'un des milliards d'arbres sur terre, du moindre micro-organisme à la surface de la feuille, des organelles de ce micro-organisme responsable de la photosynthèse.

Il est certes aisé pour Dieu Tout-Puissant de créer cette infinité d'êtres vivants, tous aussi différents les uns des autres, au moment de Son choix et en un seul instant. En témoigne par exemple cette puce de sable remontant à 25 millions d'années.

Par la complexité technique de vol et de la structure de l'œil, les mouches renvoient les évolutionnistes à un véritable dilemme. Il leur est, en effet, impossible d'expliquer la perfection des yeux et des ailes de ces créatures en termes de formation graduelle. Aucun fossile de moucheron présentant des ailes partiellement développées n'a été découvert à ce jour. Tous les fossiles disponibles indiquent que les ailes, les systèmes visuels et les autres éléments anatomiques étaient pleinement formés.

Cécidomyie
Période : Crétacé
Age : 100 millions d'années
Localisation : Myanmar

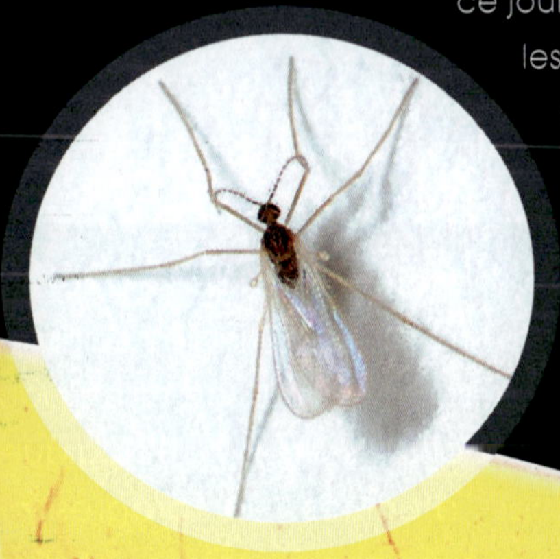

Ces données condamnent les évolutionnistes au mutisme, car elles sous-entendent que les êtres vivant n'ont pas évolué, mais qu'ils furent créés.

Ephémère

Période : Crétacé

Age : 125 millions d'années

Localisation : Brésil

Si tous les êtres vivants étaient issus de l'évolution, alors des signes en seraient visibles dans les archives fossiles. On devrait, en effet, pouvoir trouver dans les strates géologiques des traces d'entités en progression constante, pourvues de systèmes et d'organes incomplets, faisant lentement le lien d'une espèce à une autre.

Alors où sont les fossiles de créatures mi-grillons , mi-mouches, ou mi-mouches, mi-papillons, ou de créatures avec un bout d'aile seulement, ou avec un seul œil sur les abdomens, les pattes situées au niveau de la tête et les antennes encore absentes ?

Or, les archives fossiles ne proposent aucun exemple de ce genre de créatures étranges et primitives. Au contraire, les fossiles indiquent plutôt que les êtres vivants sont apparus dotés de tous les membres et de systèmes complets. Il semblerait également qu'aucune espèce n'ait connu de changement durant son existence géologique. D.S. Woodroof de l'Université de Californie dit à ce propos :

"Mais les espèces fossiles restent inchangées au cours de la plus grande partie de leur histoire et les archives ne montrent pas le moindre exemple d'une transition significative." (D.S. Woodroof, Science, vol. 208, 1980, p. 176)

Il existe environ un million d'espèces d'insectes connus vivant encore sur terre et quelques 15.000 espèces fossiles. Chaque année, plusieurs milliers de nouvelles espèces d'insectes sont découverts. Chacune d'entre elles se caractérise par des systèmes, des métabolismes et des habitats totalement différents.

Fulgore
Période : Crétacé
Age : 125 millions d'années
Localisation : Brésil

Les évolutionnistes considèrent que toutes ces espèces sont issues graduellement les unes des autres, suite à une série d'infimes changements. En revanche, ils sont incapables de désigner quel est le premier ancêtre présumé des insectes, ni présenter une preuve de ces liens entre les espèces. Ils recherchent désespérément les fossiles qui viendraient appuyer leurs propos. Or, chaque nouveau fossile déterré révèle que les espèces d'insectes sont nées du néant, pourvues de toutes leurs particularités. En d'autres termes, les fossiles sont la manifestation de la création dans la mesure où ils sont identiques depuis des dizaines, voire des centaines de millions d'années et où ils n'ont donc pas connu de processus évolutif.

Ce fulgore fossilisé depuis 125 millions d'années illustre à quel point les fulgores d'aujourd'hui et d'hier sont identiques et réfute ainsi le concept de l'évolution.

Raphidioptère
Période : Crétacé
Age : 50 millions d'années
Localisation : Brésil

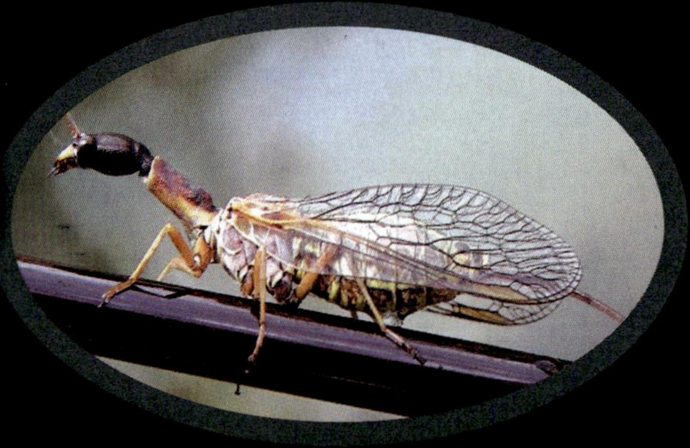

Les raphidioptères, dont on estime qu'il existe environ 150 espèces, font partie de la classe des Raphidioptera, une autre forme de vie témoignant du fait que l'évolution n'a jamais eu lieu. En réalité, les cercles scientifiques sont bien conscients de l'inadéquation entre les fossiles et l'évolution. Or, leur dépendance idéologique est telle qu'ils ne reconnaîtront jamais les faits.

Nymphe de libellule

Période : Crétacé

Age : 125 millions d'années

Localisation : Brésil

L'existence des libellules semble remonter à 300 millions d'années. La structure extraordinaire de leurs ailes et la perfection de leur système de vol infligent au darwinisme un sérieux revers. Il y a 300 millions d'années, alors que seules des formes de vie primitive et un environnement primitif étaient censés exister, les libellules possédaient déjà un système de vol parfait encore désormais copié par les hélicoptères les plus sophistiqués. En outre, ces systèmes n'ont pas subi le moindre changement depuis. Les larves de libellules présentent la même anatomie et utilisent les mêmes mécanismes structurels pour attraper leurs proies depuis des centaines de millions d'années. Ces caractéristiques durables ne peuvent en aucun cas s'expliquer en termes d'évolution.

Scydmaenidae

Période : Crétacé

Age : 100 millions d'années

Localisation : Myanmar

Une centaine de millions d'années représente une durée relativement longue pour l'aboutissement du prétendu développement évolutionniste d'une quelconque forme de vie. Si les idées évolutionnistes étaient avérées, alors au cours de cette période, les Scydmaenidae auraient dû prendre une toute autre forme et ne devraient donc pas présenter de ressemblance avec les coléoptères d'aujourd'hui. Or, malgré les millions d'années écoulées, ces petits insectes n'ont absolument pas changé, ce qui rend impossible toute référence à l'évolution.Une centaine de millions d'années représente une durée relativement longue pour l'aboutissement du prétendu développement évolutionniste d'une quelconque forme de vie. Si les idées évolutionnistes étaient avérées, alors au cours de cette période, les Scydmaenidae auraient dû prendre une toute autre forme et ne devraient donc pas présenter de ressemblance avec les coléoptères d'aujourd'hui. Or, malgré les millions d'années écoulées, ces petits insectes n'ont absolument pas changé, ce qui rend impossible toute référence à l'évolution.

Nympe d'éphémère

Période : Crétacé

Age : 125 millions d'années

Localisation : Brésil

Les larves comme celles de l'éphémère sont restées identiques tout au long de leur apparition dans les couches géologiques. Cette nymphe d'éphémère datant de 125 millions d'années en est la preuve. Aussi bien les éphémères que leurs larves n'ont jamais évolué malgré le passage de dizaines de millions d'années. Cette vérité ne suscite que le silence chez les évolutionnistes.

Anobide

Période : Eocène

Age : 45 millions d'années

Localisation : Russie

Comme tous les autres coléoptères, cet anobide datant de l'éocène (il y a 54 à 37 millions d'années) et préservé dans l'ambre possède de très surprenantes caractéristiques. Pendant leur phase larvaire, les anobides stockent les aliments dont ils ont besoin en tant que tissu graisseux pour les utiliser adultes, ainsi ils n'ont plus à sortir pour se nourrir. Ces insectes, qui vivent dans le bois, peuvent digérer la cellulose grâce aux bactéries et aux moisissures présentes dans leur estomac. Pendant la période des amours, ils frappent sur les tunnels qu'ils ont creusés dans le bois. Produisant ainsi un son qui peut facilement être entendu par les êtres humains. Les anobides possèdent depuis des millions d'années ces caractéristiques extraordinaires.

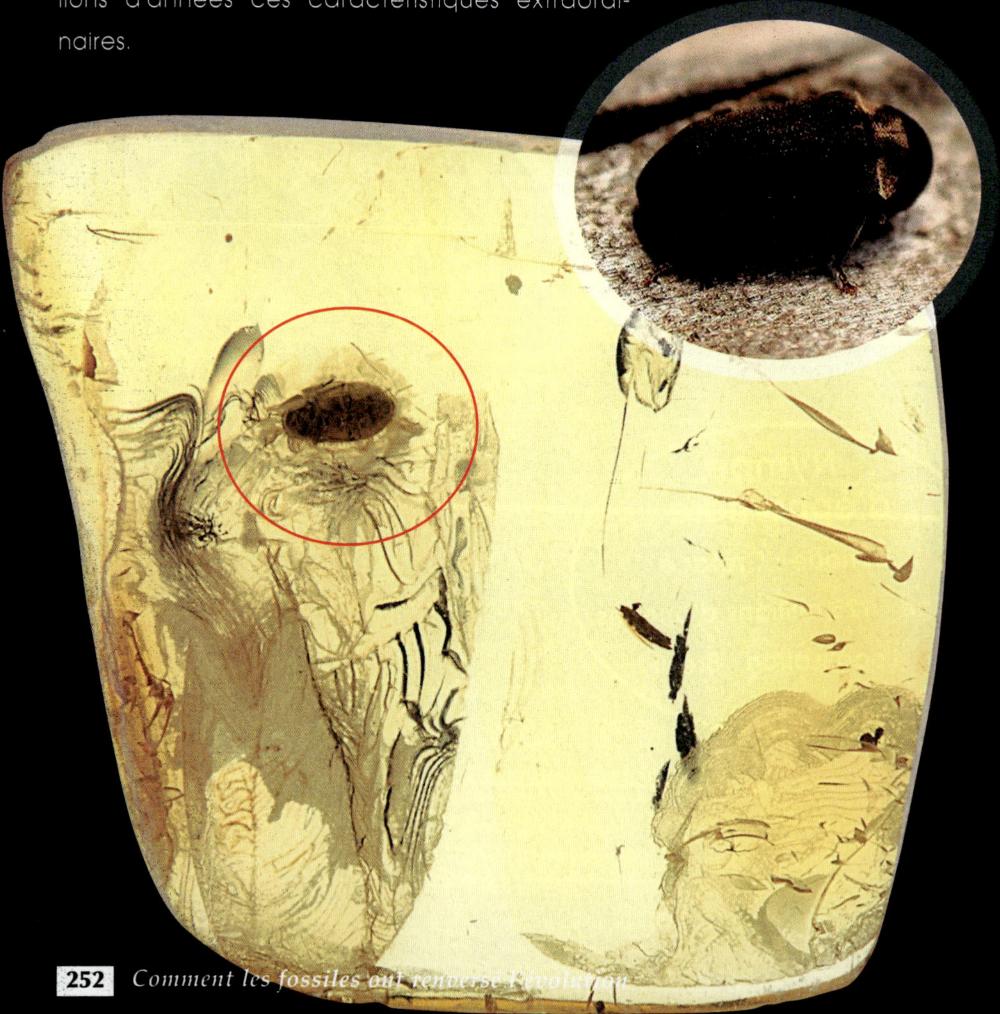

Mille-pattes
Période : Eocène
Age : 45 millions d'années
Localisation : Russie

De la même façon que les araignées sont toujours restées des araignées, les moustiques des moustiques, les mille-pattes sont eux aussi restés mille-pattes. Le mille-pattes fossile datant de 45 millions d'années que nous voyons ici confirme ce fait. Confrontée aux innombrables spécimens fossiles vivants, la théorie de l'évolution est condamnée à être remisée dans les pages poussiéreuses de l'histoire.

Ceci a été reconnu et compris par une multitude de personnes. Mais pour des raisons idéologiques, une poignée de darwinistes restent aveugles face à ces faits indéniables.

Grillon

Période : Crétacé

Age : 125 millions d'années

Localisation : Brésil

Les darwinistes rattachent l'origine des insectes à une série d'hypothèses dépourvues de sens logique. Quand on leur demande d'apporter des preuves concrètes et scientifiques, ils sombrent dans le silence parce que toutes les études en date et les découvertes de fossiles réfutent catégoriquement ces idées.

Ce fossile de grillon date de 125 millions d'années. Cet insecte fossilisé identique sous tous les angles aux grillons vivant aujourd'hui remet en question l'idée selon laquelle les êtres vivants changent constamment. Les fossiles démontrent que les êtres vivants n'ont ni changé, ni évolué. Ils furent créés.

La théorie de l'évolution totalement basée sur des conjectures manque cruellement de fondements scientifiques et de preuves valables. En outre, elle s'élabore sur une thèse illogique et irréaliste qui voudrait que tous les êtes vivants soient le résultat d'une série d'innombrables petites coïncidences, événement totalement impossible ;

La recherche scientifique confirme qu'aucun processus du genre n'a eu lieu. Dans les archives fossiles, on peut voir notamment que les êtres vivants n'ont pas évolué à travers une succession de changements, mais qu'ils firent une apparition soudaine sous la forme que nous leur connaissons encore aujourd'hui. La conclusion déduite est claire : les êtres vivants n'ont pas évolué, ils furent créés.

Araignée

Période : Crétacé

Age : 125 millions d'années

Localisation : Brésil

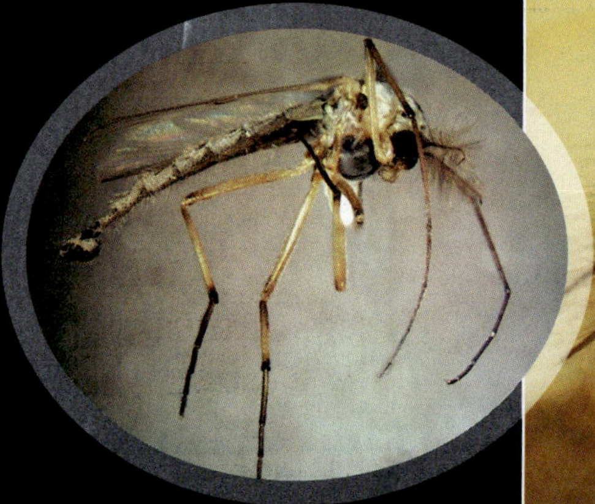

Moucheron

Période : Eocène

Age : 45 millions d'années

Localisation : Russie

Les darwinistes, impuissants dès que l'on aborde l'origine des insectes, comme ils le sont par rapport à beaucoup d'autres sujets, ne peuvent offrir aucune explication scientifique lorsqu'ils sont confrontés aux fossiles dans l'ambre. Ces formes de vie sont les preuves éclatantes que l'évolution n'a jamais eu lieu.

Les fourmis ailées sont envoyées en dehors des colonies afin de s'accoupler avec les reines. Il n'existe pas de différence entre le fossile de fourmi ailée de 25 millions d'années et les fourmis ailées de nos jours.

Fourmi ailée

Période : Oligocène

Age : 25 millions d'années

Localisation : République Dominicaine

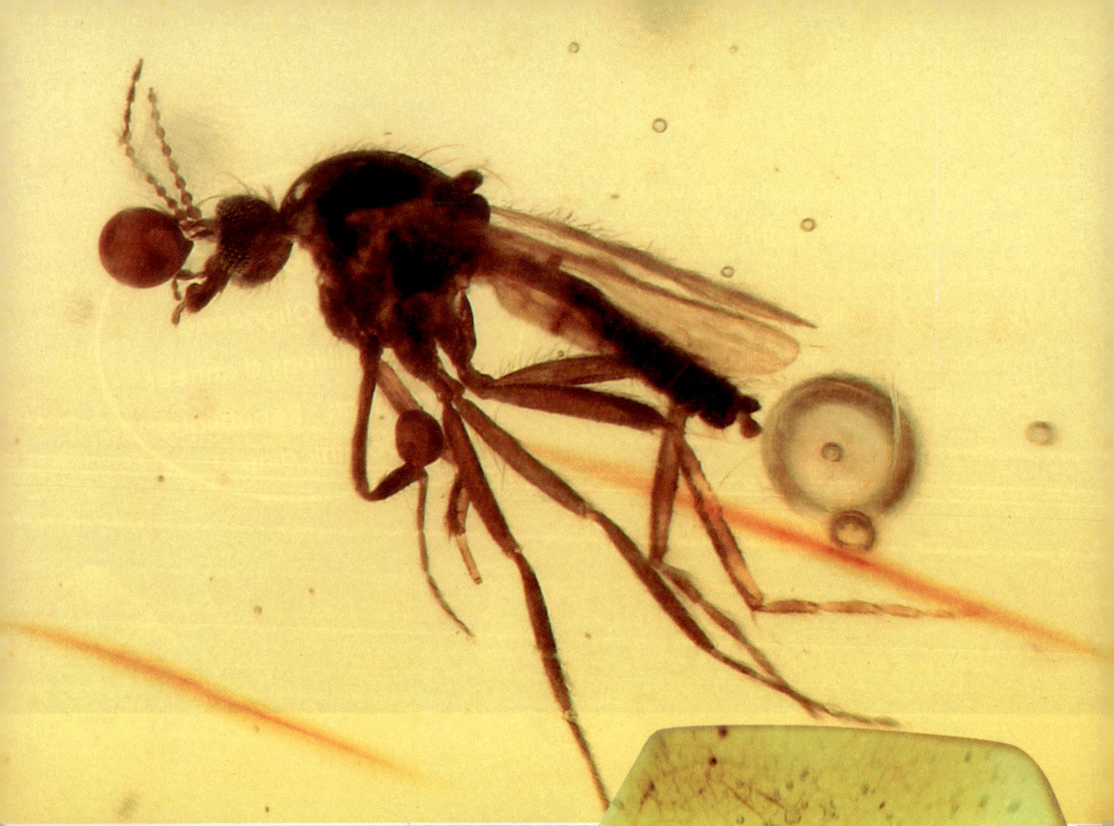

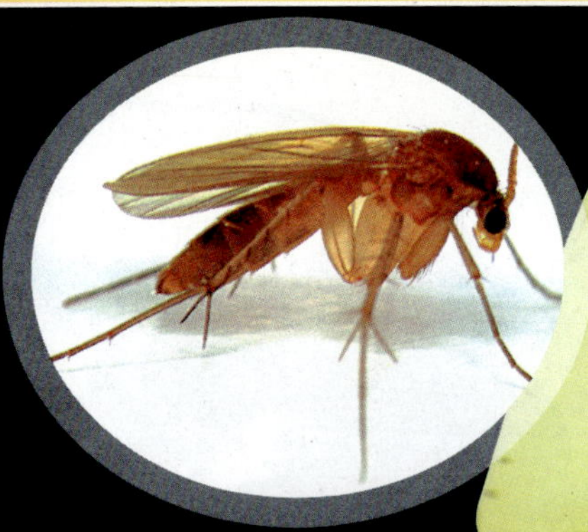

Mouche à fruit

Période : Oligocène

Age : 25 millions d'années

Localisation : République Dominicaine

Le fossile sur l'image indique qu'il n'y a pas eu le moindre changement dans les structures des êtres vivants au cours de millions d'années. Ce qui infirme également la théorie de l'évolution.

Araignée d'eau

Période : Eocène

Age : 50 millions d'années

Localisation : Etats-Unis

Les araignées d'eau, aux pattes longues et fines, se déplacent sur la surface de l'eau en utilisant sa tension superficielle. Ces insectes qui appartiennent à la famille des gerridés, imperméabilisent en permanence les poils sur leurs pattes, ainsi ils peuvent rester à la surface de l'eau sans risquer de couler.

Ces insectes qui vivaient il y a 50 millions d'années n'étaient pas différents de ceux d'aujourd'hui. Les araignées d'eau qui sont restées inchangées depuis des dizaines de millions d'années réfutent la théorie de l'évolution, qui affirme que les espèces vivantes sont apparues suite à des changements successifs. Toutes les créatures vivantes ont été créées par Dieu Tout-Puissant, Créateur de toutes choses.

ANNEXE

LA SUPERCHERIE DE L'EVOLUTION

Chaque détail dans cet univers est le signe d'une création supérieure. A l'inverse, le matérialisme, qui cherche à nier la réalité de la création dans l'univers, n'est qu'une tromperie qui n'a rien de scientifique.

Une fois le matérialisme infirmé, toutes les autres théories fondées sur cette philosophie deviennent caduques. La principale d'entre elles est le darwinisme, autrement dit, la théorie de l'évolution. Cette théorie, qui soutient que la vie est née de matière inanimée par pure coïncidence a été démolie par la reconnaissance que Dieu a créé l'univers.

C'est Dieu Qui a créé l'univers et qui l'a conçu dans le moindre détail. De ce fait, il est impossible que la théorie de l'évolution, qui soutient que les êtres vivants n'ont pas été créés par Dieu mais sont le produit de coïncidences, soit vraie.

C'est sans surprise, à l'analyse de la théorie de l'évolution, que nous la voyons dénoncée par les découvertes scientifiques. La conception dans la vie est extrêmement complexe et étonnante. Dans le monde inanimé, par exemple, nous pouvons explorer la fragilité des équilibres sur lesquels reposent les atomes et plus loin, dans le monde animé, nous pouvons observer la complexité de la conception qui a uni des atomes et combien extraordinaires, en tant que mécanismes, sont des structures telles que les protéines, les enzymes et les cellules, qui en sont les produits.

Cette conception extraordinaire de la vie a réfuté le darwinisme à la fin du 20ème siècle.

Nous avons traité de ce sujet en détail dans certaines de nos autres études et nous le faisons toujours. Cependant, nous pensons qu'en raison de son importance, il serait utile de résumer ce qui a été avancé.

L'effondrement scientifique du darwinisme

Charles Darwin

Bien que cette doctrine païenne remonte à la Grèce antique, la théorie de l'évolution n'a été largement promue qu'au 19ème siècle. Le développement le plus important qui a irrésistiblement propulsé cette théorie comme sujet majeur dans le monde scientifique est la publication en 1859 du livre de Charles Darwin intitulé L'origine des espèces. Dans ce livre, Darwin a nié le fait que les différentes espèces vivantes sur terre ont été créées séparément par Dieu. Il a faussement affirmé que tous les êtres vivants avaient un ancêtre commun et s'étaient diversifiés à travers le temps par suite de petits changements.

La théorie de Darwin n'était basée sur aucune découverte scientifique concrète ; comme il l'a lui-même admis, il ne s'agissait en fait que d'une "hypothèse". De plus, comme il le reconnaissait dans le long chapitre de son livre intitulé "Les difficultés de la théorie", la théorie n'avait pas de réponse à beaucoup trop de questions cruciales.

Darwin a donc investi tous ses espoirs dans les nouvelles découvertes scientifiques, qu'il espérait voir résoudre "les difficultés de la théorie". Cependant, contrairement à ses espérances, les découvertes scientifiques ont étendu les dimensions de ces difficultés. La défaite du darwinisme contre la science peut être résumée en trois points essentiels :

1) La théorie ne peut en aucun cas expliquer comment la vie a été produite sur terre.

2) Il n'existe aucune découverte scientifique montrant que les "mécanismes évolutionnistes" proposés par la théorie aient quelque pouvoir de se développer.

3) Les fossiles à notre disposition montrent tout à fait l'opposé de ce que suggère la théorie de l'évolution.

Dans cette section, nous examinerons brièvement ces trois points essentiels.

La première étape insurmontable : l'origine de la vie

La théorie de l'évolution pose pour principe que toutes les espèces vivantes se sont développées à partir d'une cellule vivante unique qui serait soi-disant apparue sur terre il y a 3,8 milliards d'années, . Mais la théorie de l'évolution ne peut répondre au fait de savoir comment une seule cellule a pu produire des millions d'espèces vivantes aussi complexes. Et si une telle évolution s'est vraiment produite, pourquoi les traces de cette évolution ne peuvent-elles être observées dans les archives fossiles ? Mais, tout d'abord, nous devons analyser le premier stade du processus évolutionniste présumé. Comment est apparue cette "première cellule" ?

Comme la théorie de l'évolution nie la création, elle entretient que "la première cellule" serait née par hasard selon les lois de nature, mais sans aucun plan, ni arrangement d'aucune sorte. Selon la théorie, la matière inanimée doit avoir produit par hasard une cellule vivante. Cependant c'est une revendication incompatible avec les règles élémentaires des sciences biologiques.

La vie vient de la vie

Dans son livre, Darwin n'a jamais mentionné l'origine de la vie. Les connaissances scientifiques primitives à son époque étaient fondées sur la supposition que les êtres vivants avaient une structure très simple. Depuis les temps médiévaux, la génération spontanée était une théorie largement partagée. Elle affirmait que des matières non-vivantes s'associaient pour former des organismes vivants. On croyait généralement que les insectes naissaient des restes de la nourriture et que les souris provenaient du blé. D'intéressantes expériences ont été conduites pour démontrer la véracité de cette théorie. Du blé a été placé sur un chiffon sale en pensant que des souris allaient en sortir au bout d'un moment.

L'apparition d'asticots sur la viande pourrissante a été également considérée comme une preuve de génération spontanée. Cependant, quelque temps plus tard on a compris que les vers n'apparaissaient pas sur la viande spontanément, mais y étaient transportés par des mouches sous forme de larves, invisibles à l'œil nu.

Même durant la période où Darwin a écrit L'origine des espèces, l'idée que les bactéries pouvaient apparaître de la matière inanimée était largement acceptée dans le milieu scientifique.

Cependant, cinq ans après la publication du livre de Darwin, Louis Pasteur fit connaître les résultats de ses longues recherches et expériences, qui réfutaient l'idée de la génération spontanée, un des fondements de la théorie de Darwin. Lors de son discours triomphal à la Sorbonne en 1864, Pasteur dit : "La doctrine de la génération spontanée ne se relèvera jamais de ce coup fatal porté par cette simple expérience." *(Sidney Fox, Klaus Dose, Molecular Evolution and The Origin of Life, W. H. Freeman and Company, San Francisco, 1972, p. 4.)*

Les avocats de la théorie de l'évolution se sont longtemps opposés aux découvertes de Pasteur.

Louis Pasteur

Cependant, comme le développement de la science a révélé la structure complexe de la cellule d'un être vivant, l'idée que la vie puisse naître accidentellement fait face à une plus grande impasse.

Les efforts peu concluants du 20ème siècle

Le premier évolutionniste qui s'est intéressé à la question de l'origine de vie au 20ème siècle était le célèbre biologiste russe, Alexandre Oparin. Il a proposé diverses thèses dans les années trente (1930) pour tenter de prouver que la cellule d'un être vivant pouvait être le fruit du hasard. Ces études, cependant, étaient condamnées à l'échec et Oparin a dû faire la confession suivante :

> Malheureusement, l'origine de la cellule reste en réalité une question qui est le point le plus sombre de toute la théorie de l'évolution. *(Alexander I. Oparin, Origin of Life, Dover Publications, New York, 1936, 1953 (reprint), p. 196.)*

Les disciples évolutionnistes d'Oparin ont essayé de continuer les expériences pour résoudre l'énigme de l'origine de vie. L'expérience la plus célèbre est celle du chimiste américain Stanley Miller, en 1953. Lors de son expérience, il associa les gaz qu'il prétendait exister dans l'atmosphère initiale de la Terre puis y ajouta de l'énergie. Miller réussit à synthétiser plusieurs molécules organiques (des acides aminés) présentes dans la structure des protéines.

Mais il n'a fallu que quelques années pour apprendre que cette expérience, qui avait alors été présentée comme un pas important au nom de l'évolution, était invalidée

Alexandre Oparin

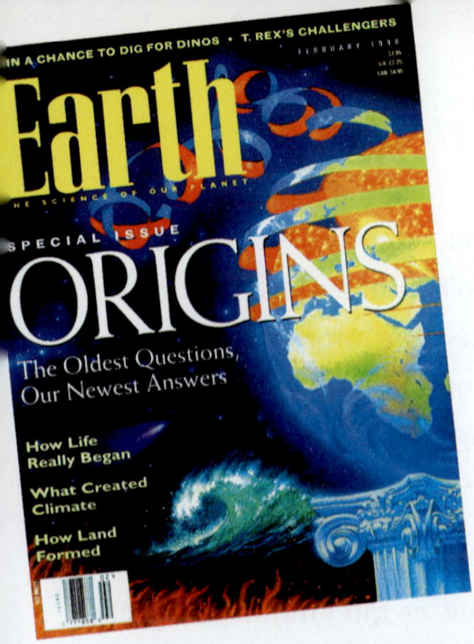

L'origine de la vie reste toujours un grand énigme pour la théorie de l'évolution, comme l'admettent les publications évolutionnistes.

car l'atmosphère utilisée dans l'expérience différait largement de celle des conditions réelles de la Terre. *("New Evidence on Evolution of Early Atmosphere and Life," Bulletin of the American Meteorological Society, vol 63, November 1982, 1328-1330)*

Après un long silence, Miller a reconnu que les conditions atmosphériques mises en place n'étaient pas réalistes. *(Stanley Miller, Molecular Evolution of Life: Current Status of the Prebiotic Synthesis of Small Molecules, 1986, p. 7)*

Tous les efforts des évolutionnistes tout au long du 20ème siècle pour expliquer l'origine de la vie se sont soldés par un échec. Jeffrey Bada, géochimiste de l'Institut Scripps de San Diego, le reconnaît dans un article qu'il a publié dans le magazine Earth en 1998 :

> Aujourd'hui, alors que nous quittons le 20ème siècle, nous nous trouvons toujours face au plus grand problème non résolu que nous avions quand nous avions entamé le 20ème siècle : quelle est l'origine de la vie sur terre ? *(Jeffrey Bada, Earth, Février 1998, p. 40)*

La structure complexe de la vie

La raison principale pour laquelle les évolutionnistes se sont trouvés dans une impasse majeure est que même les organismes vivants considérés par les darwinistes comme les plus simples ont des structures incroyablement complexes. La cellule d'un être vivant est plus complexe que tous les produits technologiques développés par l'homme. Aujourd'hui, même dans les laboratoires les plus développés dans le monde, ni une cellule vivante ni même une seule protéine de cette cellule ne peut être produite en associant des composés organiques.

Les conditions requises pour la formation d'une cellule sont trop importantes en termes de quantité pour pouvoir accepter le hasard comme explication. Cependant il n'est pas nécessaire d'expliquer la situation avec ces détails. Les évolutionnistes se trouvent dans une impasse avant même d'atteindre le stade de la cellule. C'est parce que la probabilité de la formation par hasard d'une seule protéine, élément essentiel de la cellule, est mathématiquement " 0".

La principale raison de cela est la nécessité d'autres protéines d'être présentes pour la formation d'une protéine, ce qui élimine complètement la possibilité de la formation par hasard. Ce fait en lui-même est suffisant pour éliminer l'affirmation évolutionniste du hasard dès le départ. Pour résumer ,

Les protéines ne peuvent pas être synthétisés sans les enzymes et les enzymes sont toutes des protéines.

Environ 100 protéines doivent être présentes pour la synthèse d'une seule protéine. Il faut donc qu'il y a ait déjà des protéines pour la formation des protéines.

L'ADN fabrique les enzymes qui synthétisent des protéines. Les protéines ne peuvent pas être synthétisés sans l'ADN. L'ADN est donc également nécessaire pour la formation des protéines.

Tous les organelles de la cellule ont des tâches importantes dans la synthèse des protéines. En d'autres termes, pour la formation des protéines, une cellule parfaite et pleinement opérationnelle doit exister avec tous ses organelles.

La molécule d'ADN, qui se trouve dans le noyau de la cellule et qui stocke l'information génétique, est une banque de données magnifique. Selon les calculs établis, si l'information codée de l'ADN était retranscrite, on obtiendrait l'équivalent d'une bibliothèque géante composée d'environ 900 volumes d'encyclopédies de 500 pages chacun.

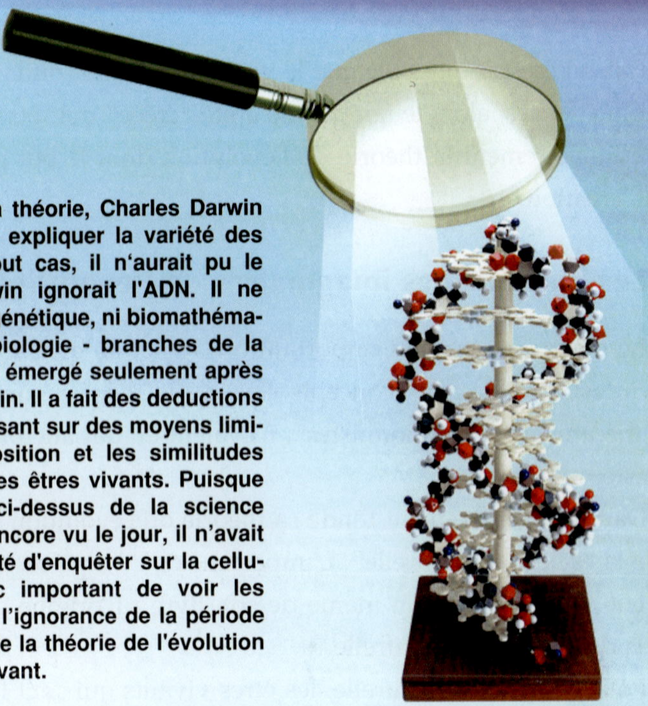

En avançant sa théorie, Charles Darwin ne pouvait pas expliquer la variété des espèces. En tout cas, il n'aurait pu le faire, car Darwin ignorait l'ADN. Il ne connaissait ni génétique, ni biomathématique ni microbiologie - branches de la science qui ont émergé seulement après la mort de Darwin. Il a fait des deductions illusoires se basant sur des moyens limités à sa disposition et les similitudes visibles entre les êtres vivants. Puisque les branches ci-dessus de la science n'avaient pas encore vu le jour, il n'avait pas la possibilité d'enquêter sur la cellule. Il est donc important de voir les dimensions de l'ignorance de la période pendant laquelle la théorie de l'évolution a été mise en avant.

A ce stade, nous sommes confrontés à un dilemme très intéressant : l'ADN ne peut se reproduire qu'à l'aide de quelques protéines spécialisées (des enzymes). Et la synthèse de ces enzymes ne peut être obtenue qu'en utilisant l'information codée de l'ADN. Mais comme ils dépendent l'un de l'autre, ils doivent exister en même temps pour que la reproduction se fasse. Ce qui met dans une impasse totale le scénario de la vie produite par elle-même. Le célèbre évolutionniste, le professeur Leslie Orgel, de l'Université de San Diego en Californie, le reconnaît dans la publication de septembre 1994 du magazine Scientific American :

> Il est extrêmement improbable que des protéines et des acides nucléiques, tous deux structurellement complexes, aient surgi spontanément au même endroit, en même temps. Tout comme il semble impossible d'avoir l'un sans l'autre. Et donc, à priori, il est possible de conclure que la vie n'a jamais pu être le résultat de réactions chimiques. *(Leslie E. Orgel, "The Origin of Life on Earth," Scientific American, vol. 271, October 1994, p. 78.)*

Puisqu'il est impossible que la vie soit apparue soudainement suite à des coïncidences, alors le fait qu'elle a été "créée" doit être admis. Ce fait contredit clairement la théorie de l'évolution dont le but principal est de nier la création.

Les mécanismes imaginaires de l'évolution

Le deuxième élément important qui remet en question la théorie de Darwin est que les deux concepts clefs de la théorie, considérés comme "des mécanismes évolutionnistes", n'avaient en fait aucune réalité évolutionniste.

Darwin a entièrement fondé sa théorie de l'évolution sur le mécanisme de la "sélection naturelle". L'importance qu'il a placée sur ce mécanisme était évidente au nom même de son livre : L'origine des espèces, au moyen de la sélection naturelle...

Pour la sélection naturelle, les êtres vivants qui sont les plus forts et les mieux adaptés aux conditions naturelles de leur environnement sont les seuls à pouvoir survivre dans la lutte pour la vie. Ainsi, dans un troupeau de cerfs sous la menace d'animaux sauvages, seuls les plus rapides survivent. De ce fait, le troupeau de cerfs sera composé uniquement des individus les plus rapides et les plus forts. Mais il est incontestable que ce mécanisme n'entraîne aucune évolution du cerf et ne le transforme pas plus en une autre espèce vivante telle que le cheval.

Le mécanisme de sélection naturelle n'a donc aucun pouvoir évolutionniste. Darwin en était totalement conscient et a dû l'exposer dans son livre L'origine des espèces en disant :

> La sélection naturelle ne peut rien faire jusqu'à ce que des différences individuelles ou des variations favorables se produisent. *(Charles Darwin, The Origin of Species by Means of Natural Selection, The Modern Library, New York, p. 127)*

La sélection naturelle est un mécanisme qui sert à éliminer les individus faibles au sein d'une espèce. Il s'agit d'une force de conservation qui préserve l'espèce existante de la dégénérescence. Au-delà de cela, elle n'a aucune capacité de transformer une espèce en une autre.

L'influence de Lamarck

Ainsi, comment ces "variations favorables" pourraient-elles se produire ? Darwin a essayé de répondre à cette question en se fondant sur la connaissance scientifique limitée de son époque. Selon le biologiste français Chevalier de Lamarck (1744-1829), qui a vécu avant Darwin, les créatures vivantes transmettaient les caractéristiques acquises pendant leur vie à la génération suivante. Il a prétendu que ces caractéristiques, s'accumulant d'une génération à une autre, entraînent la formation d'une nouvelle espèce. Selon Lamarck, les girafes, à titre d'exemple, auraient évolué à partir des antilopes ; ayant lutté pour manger les feuilles des grands arbres, leurs cous se seraient allongés de génération en génération.

Darwin a aussi proposé des exemples similaires, et dans son livre L'origine des espèces, a, par exemple, affirmé que certains ours qui se rendaient dans l'eau pour trouver de la nourriture étaient transformés en baleines avec le temps. *(Charles Darwin, The Origin of Species: A Facsimile of the First Edition, Harvard University Press, 1964, p. 184)*

Cependant, les lois de l'hérédité découvertes par Gregor Mendel (1822-1884) et vérifiées par la science de la génétique, qui s'est développée au 20ème siècle, ont complètement démoli la légende selon laquelle des caractéristiques seraient transmises aux générations suivantes. Ainsi, la théorie de la sélection naturelle est tombée en "disgrâce" en tant qu'élément dans l'histoire de l'évolution.

Le néodarwinisme et les mutations

Pour trouver une solution, les darwinistes ont avancé l'idée de "la théorie synthétique moderne", ou comme on la connaît plus généralement, le néodarwinisme vers la fin des années 1930. A la sélection naturelle, le néodarwinisme a ajouté les mutations qui sont des altérations formées dans les gènes des créatures vivantes en raison de facteurs externes comme la radiation ou des erreurs de reproduction comme étant "la cause de variations favorables".

Aujourd'hui, le modèle qu'épousent les darwinistes, alors qu'ils savent qu'il est scientifiquement invalide, est le néodarwinisme. La théorie maintient que des millions de créatures vivantes sur la terre se sont formées suite à un processus par lequel de nombreux organes complexes de ces organismes (comme les oreilles, les yeux, les poumons et les ailes) ont subi "des mutations", c'est-à-dire des désordres génétiques. Pourtant, un fait scientifique contredit cette théorie. Les mutations n'aident pas les créatures vivantes à se développer ; bien au contraire, elles leur ont toujours été nuisibles.

La raison en est très simple : l'ADN a une structure très complexe et des changements aléatoires ne peuvent qu'avoir des effets destructeurs. C'est ce que nous explique le généticien américain, B. G. Ranganathan :

> Tout d'abord, les véritables mutations sont très rares dans la nature. Deuxièmement, du fait qu'elles soient aléatoires la plupart des mutations sont nuisibles car n'obéissant pas à des changements ordonnés dans la structure des gènes. Le moindre changement aléatoire dans un système extrêmement ordonné se fera de la pire des façons. Par exemple, si un séisme secouait une structure extrêmement ordonnée

Depuis le début du 20ème siècle, les biologistes évolutionnistes ont cherché des exemples de mutations bénéfiques en créant des mouches mutantes. Ces efforts n'aboutirent à rien d'autres qu'à des créatures malades et difformes.
La petite photo en haut montre la tête d'une mouche à fruit normale et celle qui se trouve en dessous montre la tête d'une mouche à fruit avec des pattes qui en ressortent.
La grande photo à gauche représente une mouche à fruit avec des ailes déformées, résultat de mutation.

telle qu'un bâtiment, cela entraînerait un changement aléatoire dans les fondations de l'édifice qui, selon toutes probabilités, n'apporterait aucune amélioration. *(B. G. Ranganathan, Origins?, Pennsylvania: The Banner of Truth Trust, 1988, p. 7)*

C'est sans surprise qu'aucun exemple de mutation utile, c'est-à-dire qui est censé développer le code génétique, n'a été observé jusqu'ici. Toutes les mutations se sont avérées nuisibles. Il a été observé que la mutation, qui est présentée comme "un mécanisme évolutif", n'est en réalité qu'une modification génétique qui nuit aux êtres vivantes et les handicape. (La mutation la plus célèbre chez l'être humain est le cancer) Un mécanisme destructif ne peut sans doute pas être "un mécanisme évolutif". Par ailleurs, la sélection naturelle "ne peut rien par elle-même" comme Darwin l'a aussi admis. Ceci nous montre qu'il n'existe aucun "mécanisme évolutif" dans la nature. Et puisque aucun mécanisme évolutif n'existe, aucun processus imaginaire appelé "évolution" ne s'est produit.

Les archives fossiles : aucune trace de formes intermédiaires

La preuve la plus évidente que le scénario suggéré par la théorie de l'évolution ne s'est pas produit, ce sont les archives fossiles qui nous la fournissent.

Selon la supposition non-scientifique de cette théorie, chaque espèce vivante est issue d'une espèce qui l'a précédée. Une espèce existante précédemment se métamorphose en quelque chose d'autre au cours du temps, et toutes les espèces sont venues à la vie de cette façon. En d'autres mots, cette transformation se met en place graduellement sur des millions d'années.

Si cela avait été le cas, alors de nombreuses espèces intermédiaires auraient dû exister et vivre durant cette longue période de transformation.

Par exemple, certaines espèces mi-poisson/mi-reptile auraient dû exister dans le passé et acquérir des caractéristiques de reptiles en plus de celles de poissons qu'elles avaient déjà. Ou il aurait dû exister quelques oiseaux-reptiles qui ont acquis quelques caractéristiques d'oiseaux en plus de celles des reptiles qu'ils avaient déjà. Comme ils étaient dans une phase de transition, il devait alors s'agir de créatures vivantes déformées, déficientes et infirmes. Les évolutionnistes, qui se réfèrent à ces créatures imaginaires, pensent qu'elles ont vécu dans le passé en tant que "formes intermédiaires".

Si de tels animaux avaient réellement existé, il devrait y en avoir des millions, voire des milliards en nombre et en variété. Plus important encore, il devrait exister des traces de ces étranges créatures dans le relevé des fossiles. Dans son livre, *L'origine des espèces*, Darwin l'explique :

> Il a dû certainement exister, si ma théorie est fondée, d'innombrables variétés intermédiaires reliant intimement les unes aux autres les espèces d'un même groupe… On ne pourrait trouver la preuve de leur existence passée que dans les restes fossiles... *(Charles Darwin, The Origin of Species: A Facsimile of the First Edition, p. 179)*

Cependant, Darwin était bien conscient qu'aucun fossile de ces

Des fossiles vivants

La théorie de l'évolution prétend que les espèces évoluent constamment en d'autres espèces. Mais, lorsqu'on compare les vivants avec leurs fossiles, nous remarquons qu'ils sont restés inchangés pendant des millions d'années. Ce fait réfute clairement la théorie de l'évolution.

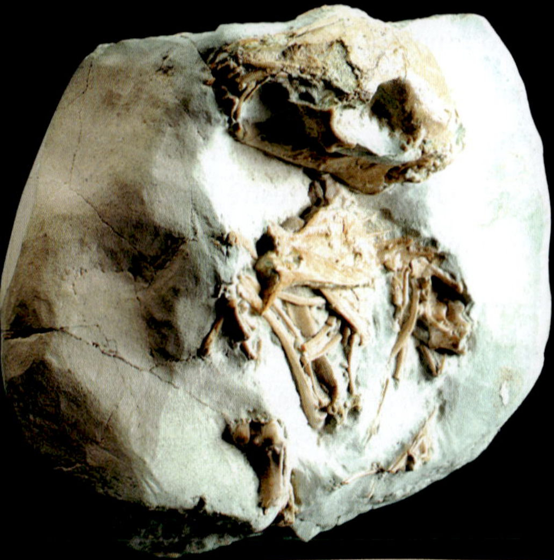

LAPIN JUVENILE
Période : Oligocène
Age : 30 millions d'années
Localisation : Lusk, Wyoming

CHARANÇON
Période : Oligocène
Age : 25 millions d'années
Localisation : Près de Santiago, République Dominicaine

HARENG
Période : Eocène
Age : 54 à 37 millions d'années
Localisation : Kemmerer, Wyoming

formes intermédiaires imaginaires n'avait été trouvé. Il a considéré cela comme une difficulté majeure pour sa théorie. Dans un chapitre de son livre intitulé "Difficultés de la théorie", il a écrit :

> Si les espèces dérivent d'autres espèces par des degrés insensibles, pourquoi ne rencontrons-nous pas d'innombrables formes de transition ? Pourquoi tout n'est-il pas dans la nature à l'état de confusion ? Pourquoi les espèces sont-elles si bien définies ?... Mais pourquoi ne trouvons-nous pas fréquemment dans la croûte terrestre les restes de ces innombrables formes de transition qui, d'après cette hypothèse, ont dû exister ? ... Pourquoi donc chaque formation géologique, dans chacune des couches qui la composent, ne regorge-t-elle pas de formes intermédiaires ? *(Charles Darwin, The Origin of Species, p. 172)*

Les espoirs de Darwin volent en éclats

Cependant, malgré une recherche acharnée de fossiles dans le monde entier, depuis le milieu du 19ème siècle, les évolutionnistes n'ont encore retrouvé aucune forme intermédiaire. Tous les fossiles retrouvés lors des fouilles ont montré que, contrairement à ce qu'espéraient les évolutionnistes, la vie sur terre est bien apparue de façon soudaine et entièrement formée.

Un célèbre paléontologue britannique, Derek V. Ager, l'admet bien qu'il soit lui-même un évolutionniste :

> Ce qui apparaît à l'examen minutieux des archives fossiles, que ce soit au niveau des ordres ou des espèces, c'est, à maintes reprises, non pas l'évolution progressive mais l'explosion soudaine d'un groupe aux dépens d'un autre. *(Derek A. Ager, "The Nature of the Fossil Record," Proceedings of the British Geological Association, vol. 87, 1976, p. 133)*

Cela signifie que, selon les archives fossiles, toutes les espèces vivantes sont apparues de façon soudaine et entièrement formées, sans aucune forme intermédiaire. C'est exactement le contraire des suppositions de Darwin. Ce qui est la preuve déterminante que tous les êtres vivants ont bien été créés. La seule explication qu'une espèce vivante apparaisse de façon aussi soudaine et entièrement formée sans aucun ancêtre intermédiaire serait que cette espèce a été créée. C'est également ce qu'admet le célèbre biologiste évolutionniste Douglas Futuyma :

> La création et l'évolution épuisent à elles seules les explications possibles de l'origine des êtres vivants. Soit les organismes sont apparus sur terre entièrement développés ou ils ne le sont pas. S'ils ne sont pas apparus entièrement développés alors ils doivent s'être développés à partir d'espèces préexistantes grâce à un processus de modification. S'ils sont vraiment apparus entièrement développés, ils doivent en effet avoir été créés par une intelligence toute-puissante. *(Douglas J. Futuyma, Science on Trial, Pantheon Books, New York, 1983, p. 197)*

Les fossiles montrent que les créatures vivantes sont apparues sur terre dans un état complet et parfait. Cela signifie que "l'origine des espèces" est à l'opposé des suppositions de Darwin. Il s'agit non pas d'évolution, mais de création.

La légende de l'évolution humaine

Le sujet le plus souvent évoqué par les défenseurs de la théorie de l'évolution est celui de l'origine de l'homme. Les darwinistes prétendent que l'homme s'est développé à partir de quelques créatures imaginaires simiesques. Pendant le prétendu processus évolutionniste, que aurait commencé voilà 4 à 5 millions d'années, il est affirmé qu'il a existé certaines "formes intermédiaires" entre l'homme et ses ancêtres imaginiares. Selon ce scénario complètement imaginaire, quatre "catégories" de base sont dénombrées :

1. L'Australopithèque
2. L'Homo habilis
3. L'Homo erectus
4. L'Homo sapiens

Les évolutionnistes appellent les prétendus premiers ancêtres simiesques de l'homme, les "Australopithèques", ce qui signifie "singes sud-africains". Ces êtres vivants n'étaient en réalité rien d'autre qu'une vieille espèce de singe qui s'est éteinte. La vaste recherche faite sur des spécimens d'Australopithèque divers par deux anatomistes mondialement célèbres d'Angleterre et des Etats-Unis, Lord Solly Zuckerman et le professeur Charles Oxnard, a montré que ces singes ont appartenu à une espèce de singe ordinaire qui s'est éteinte et n'avaient aucune ressemblance avec les êtres humains. *(Solly Zuckerman, Beyond The Ivory Tower, Toplinger Publications, New York, 1970, 75-14; Charles E. Oxnard, "The Place of Australopithecines in Human Evolution: Grounds for Doubt", Nature, vol 258, 389)*

Dans leur classification, les évolutionnistes attribuent le terme "homo", c'est-à-dire "homme", pour désigner l'étape suivante de l'évolution humaine. Selon eux, les êtres vivants appartenant aux catégories de l'Homo sont plus développés que ceux de l'Australopithèque. Les évolutionnistes conçoivent un schéma d'évolution imaginaire en organisant les différents fossiles de ces créatures selon un ordre particulier. Ce schéma est imaginaire parce qu'aucune relation évolutive entre ces différentes classes

Le mythe de l'évolution humaine n'est basé sur aucune découverte scientifique. Les représentations telles que celle-ci n'ont d'autre sens que celui de refléter la pensée imaginative des évolutionnistes.

n'a jamais été prouvée. Ernest Mayr, un des principaux défenseurs de la théorie de l'évolution au 20ème siècle, admet dans son livre One Long Argument (Un long argument) que notamment les énigmes historiques telle que l'origine de la vie ou de l'Homo sapiens, sont extrêmement difficiles et peuvent même résister une explication définitive satisfaisante." *("Could science be brought to an end by scientists' belief that they have final answers or by society's reluctance to pay the bills?" Scientific American, December 1992, p. 20)*

En schématisant la chaîne de liens de la façon suivante "Australopithèque > Homo habilis > Homo erectus > Homo sapiens", les évolutionnistes déduisent que chacune de ces espèces est l'ancêtre de la suivante. Mais les découvertes récentes des paléoanthropologues ont révélé que l'Australopithèque, l'Homo habilis et l'Homo erectus ont vécu dans différentes régions du monde à la même époque. *(Alan Walker, Science, vol. 207, 7 March 1980, p. 1103; A. J. Kelso, Physical Antropology, 1st ed., J. B. Lipincott Co., New York, 1970, p. 221; M. D. Leakey, Olduvai Gorge, vol. 3, Cambridge University Press, Cambridge, 1971, p. 272.)*

De plus, un certain segment des humains faisant partie de la classe des Homo erectus a vécu jusqu'à des périodes très récentes. L'homo sapiens neandarthalensis et l'homo sapiens (l'homme) ont coexisté dans la même région. *(Jeffrey Kluger, "Not So Extinct After All: The Primitive Homo Erectus May Have Survived Long Enough To Coexist With Modern Humans," Time, 23 December 1996)*

Cette situation indique apparemment l'impossibilité d'une lignée généalogique quelconque entre ces différentes classes. Stephen Jay Gould, le défunt et célèbre paléontologue de l'Université de Harvard, explique l'impasse dans laquelle se trouve la théorie de l'évolution, bien qu'il soit lui-même un de ses fervents défenseurs au 20ème siècle :

> Qu'advient-il de notre échelle si trois lignées d'hominidés coexistent (l'Australopithèque africanus, l'Australopithèque robuste et l'Homo habilis) et qu'aucune ne provient clairement d'une autre ? De plus, aucune des trois n'a montré de tendances évolutionnistes pendant leur existence sur terre. *(S. J. Gould, Natural History, vol. 85, 1976, p. 30)*

Les évolutionnistes croient que le hasard est une force créatrice en soi. Qu'ils prennent donc un grand baril et qu'ils y placent tous les matériaux qu'ils jugent nécessaires à la production d'une cellule vivante ! Laissons-les ensuite chauffer ce baril, le congeler ou le foudroyer. Qu'ils observent ce baril, qu'ils le lèguent aux générations futures, pendant des millions et même des milliards d'années. Qu'ils surveillent le baril constamment, pour ne rien laisser au hasard. Qu'ils emploient toutes les conditions qu'ils jugent nécessaires à la production d'une entité vivante.
Ils seront incapables de tirer la moindre cellule de ce tonneau. Ils seront incapables de produire un cheval, un papillon, une fleur, un canard, une cerise, un citronnier, un hibou ou unefourmi. Quoiqu'ils fassent, ils seront incapables de créer des scientifiques examinant leurs propres cellules au microscope, et des êtres humains aptes à penser, raisonner, juger, se réjouir, ressentir des sentiments.

Bref, le scénario de l'évolution humaine que l'on cherche à soutenir à l'aide de divers dessins de quelques créatures "mi-singe/mi-homme" paraissant dans les médias et les livres scolaires, c'est-à-dire au moyen d'une propagande éhontée, n'est qu'une légende sans fondement scientifique.

Lord Solly Zuckerman, un des scientifiques les plus célèbres et les plus respectés du Royaume-Uni, a effectué pendant des années des recherches sur ce sujet et a tout particulièrement étudié pendant 15 ans des fossiles d'Australopithèques. Il a finalement conclu, bien qu'il soit lui-même un évolutionniste, qu'il n'existe en réalité aucun arbre généalogique constitué de ramifications rattachant l'homme à des créatures simiesques imaginaires.

Zuckerman a aussi établi un intéressant "spectre de la science". Il a formé un spectre des sciences allant des disciplines qu'il considère comme scientifiques à celles qu'il considère comme non scientifiques. Selon le spectre de Zuckerman, les disciplines les plus "scientifiques", c'est-à-dire fondées sur une base de données concrètes, sont la chimie et la physique. Ensuite viennent les sciences biologiques puis les sciences sociales. A l'autre extrémité du spectre, qui est la partie considérée comme la "moins scientifique", se trouvent les perceptions extrasensorielles, dont font partie la télépathie et "le sixième sens" – et enfin "l'évolution humaine". Zuckerman en explique le raisonnement :

> Nous nous déplaçons alors directement du registre de la vérité objective dans ces champs de la science biologique présumée, comme la perception extrasensorielle ou l'interprétation de l'histoire des fossiles humains, où pour le fidèle (l'évolutionniste) tout est possible, et où le partisan ardent [de l'évolution] est parfois capable de croire en même temps à plusieurs choses contradictoires. *(Solly Zuckerman, Beyond the Ivory Tower, p. 19)*

La légende de l'évolution humaine ne repose que sur quelques interprétations préconçues à partir d'un certain nombre de fossiles déterrés par certaines personnes qui adhèrent aveuglément à leur théorie.

La formule darwinienne !

Après avoir passé en revue les preuves techniques, examinons maintenant la superstition qui aveugle les évolutionnistes avec un exemple à la portée de tous :

La théorie de l'évolution stipule que la vie est apparue par hasard. Des atomes inconscients et sans vie se seraient donc assemblés pour former une cellule dans un premier temps, puis des êtres vivants à part entière, et notamment l'homme. Réfléchissons un instant. En rassemblant tous les composants nécessaires à la vie, tels que le carbone, le phosphore, l'azote et le potassium, on n'obtient rien d'autres qu'un tas de matières. Quels que soient les traitements entrepris, cet amas atomique ne peut en aucun cas former le moindre être vivant. Afin de rendre notre exemple plus parlant, faisons une expérience et observons au nom des évolutionnistes ce qu'ils prétendent sans le dire à haute voix sous le nom de "la formule darwinienne" :

Lorsqu'on compare l'oeil et l'oreille avec les caméras et les appareils Hifi, on constate que les organes humains sont de loin plus complexes, plus fonctionnels et plus perfectionnés que ces appareils technologiques.

Supposons que les évolutionnistes amassent dans de grands barils une quantité considérable de matériaux présents dans la composition des êtres vivants (le phosphore, l'azote, le carbone, l'oxygène, le fer, le magnésium). Ils peuvent en plus ajouter n'importe quel matériel n'existant pas dans des conditions normales, mais qu'ils jugent nécessaires. Ils peuvent aussi incorporer autant d'acides aminés (qu'il est impossible de former dans des conditions naturelles) et de protéines (dont la probabilité de formation de chacune est de 1 sur 10950) qu'ils le souhaitent. Qu'ils exposent ces mixtures à la chaleur et à l'humidité voulue. Qu'ils remuent leurs mélanges au moyen de l'équipement technologique souhaité. Qu'ils placent leurs éminents scientifiques aux côtés de ces barils. Qu'ils attendent pendant des milliards, voire des trillions d'années. Ils sont libres de recréer toutes les conditions qu'ils croient nécessaires à la formation d'un être humain. Quoi qu'ils fassent, ils ne pourront jamais tirer de ces barils un être humain, capable de penser, d'examiner sa propre structure cellulaire sous l'œil d'un microscope électronique. Ils ne pourront jamais produire de girafes, de lions, d'abeilles, de canaris, de chevaux, de dauphins, de roses, d'orchidées, de lys, d'œillets, de bananes, d'oranges, de pommes, de dattes, de tomates, de melons, de pastèques, de figues, d'olives, de raisins, de pêches, de faisans, de papillons multicolores ou tout autre des milliards d'êtres vivants sur la planète. Ils ne pourraient même pas obtenir la moindre cellule de l'un d'entre eux.

En somme, les atomes inconscients ne peuvent pas former une cellule en s'assemblant. Ils ne peuvent pas décider spontanément de mettre en route la division cellulaire, ni de créer quoi que ce soit, et certainement pas des êtres vivants dotés d'intelligence. La matière est un amas dépourvu de conscience et de vie. Elle ne naît que par la création supérieure de Dieu.

La théorie de l'évolution défend le contraire, ce qui est une pure aberration. Il suffit de réfléchir un instant sur les idées évolutionnistes pour voir la vérité se profiler d'elle-même, comme dans l'exemple cité ci-dessus.

La technologie de l'œil et de l'oreille

Un autre sujet qui reste sans réponse pour la théorie évolutionniste est l'excellente capacité de perception de l'œil et de l'oreille.

Avant d'aborder la question de l'œil, essayons de répondre brièvement à la question du “comment nous voyons”. Des rayons de lumière venant d'un objet forment sur la rétine de l'œil une image inversée. A cet instant, ces rayons de lumière sont transmis sous forme de signaux électriques par des cellules et atteignent un endroit minuscule que l'on appelle le centre de la vision à l'arrière du cerveau. Ces signaux électriques sont perçus en tant qu'images dans ce centre suite à un long processus. A partir de ces informations techniques, essayons de réfléchir maintenant.

Le cerveau est isolé de la lumière. Cela signifie que l'intérieur du cerveau est complètement sombre et que la lumière n'atteint pas le lieu où se trouve le cerveau. Le centre de la vision est un endroit complètement obscur où aucune lumière jamais n'y pénètre ; il pourrait même s'agir du lieu

Toutes les images que nous percevons a cours de notre vie sont formées dans une le "centre de vision" situé à l'a rière de notre cerveau, dont la taille ne dépasse pas quelques centimètres cubes. Qu'il s'agisse du livre que vous êtes en train de lire ou du paysa immense que vous contemplez, les deux images entrent dans ce peti espace du cerveau. Ainsi, nous ne percevons pas la taille réelle des obje mais telle que notre cerveau la perçoit.

le plus sombre que vous n'ayez jamais connu. Et malgré tout, vous arrivez à voir un monde éclatant de lumière dans cette profonde obscurité.

L'image formée dans l'œil est si précise et distincte que même la technologie du 20ème siècle n'a pas été capable de l'obtenir. Regardez, par exemple, le livre que vous lisez, les mains avec lesquelles vous le tenez, levez maintenant votre tête et regardez autour de vous. Avez-vous jamais vu une image aussi précise et distincte que celle-ci ? Même l'écran de télévision le plus perfectionné produit par le plus grand fabricant de télévision dans le monde ne peut vous fournir une image aussi précise. C'est une image tridimensionnelle, en couleur et d'une extrême précision. Pendant plus de 100 ans, des milliers d'ingénieurs ont essayé d'obtenir une telle précision de l'image. Des usines ont été construites, d'énormes locaux y ont été consacrés, de nombreuses recherches ont été menées, des plans et des conceptions ont été faits pour obtenir les meilleurs résultats. Regardez maintenant un écran de télévision et le livre que vous tenez dans vos mains. Voyez la grande différence d'acuité et de netteté qu'il y a entre les deux. De plus, l'écran de télévision ne vous propose qu'une image bidimensionnelle, alors que de vos yeux vous obtenez une perspective tridimensionnelle qui comporte également la profondeur.

Pendant des années, des dizaines de milliers d'ingénieurs ont bien essayé de produire une télévision tridimensionnelle qui obtienne la qualité de la vision de l'œil. Ils ont effectivement mis en place un système tridimensionnel de télévision mais il est impossible de le regarder sans lunettes spéciales 3-D. Par ailleurs, ce n'est qu'un système artificiel à trois dimensions. L'arrière-plan apparaît flou et le premier plan ressemble à un décor en papier. Il n'a jamais été possible de reproduire une vision aussi nette et distincte que celle de l'œil. On décèle une perte de qualité d'image aussi bien pour la caméra que pour la télévision.

Les évolutionnistes prétendent que le mécanisme à l'origine de cette image aussi pointue et distincte est le fait du hasard. Maintenant, si quelqu'un vous disait que votre télévision est le produit du hasard, que tous ses atomes se sont assemblés et ont composé un appareil capable de produire une image, qu'en penseriez-vous ? Comment des atomes pourraient-ils réaliser ce dont des milliers de gens sont incapables ?

Si un appareil produisant une image plus primitive que celle de l'œil ne peut avoir été formé par hasard, il est donc tout à fait certain que l'œil et l'image que voit l'œil ne peuvent être le fruit du hasard. La même logique s'applique à l'oreille. L'oreille externe capte les sons transmis par le pavillon auriculaire et les dirige vers l'oreille moyenne qui transmet les vibrations du son en les intensifiant ; l'oreille interne communique ces vibrations au cerveau en les transformant en signaux électriques. Tout comme pour l'œil, l'audition se réalise dans le centre de l'audition dans le cerveau.

Ce qui se produit pour l'œil est aussi vrai de l'oreille. C'est-à-dire que le cerveau est isolé du son comme de la lumière : il ne laisse pas entrer de son. De ce fait, peu importe que l'environnement extérieur soit bruyant, l'intérieur du cerveau est complètement silencieux. Néanmoins, les sons les plus fins sont perçus dans le cerveau. Dans votre cerveau, qui est complètement isolé du son, vous écoutez les symphonies d'un orchestre et entendez tous les bruits d'un lieu animé. Cependant, si à ce moment-là le niveau du son dans votre cerveau devait être mesuré par un appareil précis, on constaterait qu'un silence total y règne.

Comme c'est le cas des images, des décennies d'efforts ont été fournis à essayer de produire et de reproduire un son fidèle à l'original. Le résultat de ces efforts a donné naissance à des appareils d'enregistrement de son, à des systèmes de haute fidélité et à des systèmes pour mesurer le son. Malgré toute cette technologie et des milliers d'ingénieurs et d'experts travaillant d'arrache pied, aucun son n'a encore été obtenu qui ait la même acuité et la même clarté que le son perçu par l'oreille. Pensez à la très haute qualité de son généré par les systèmes hi-fi produits par les plus grandes sociétés de l'industrie de la musique. Et même dans ces cas, lorsque le son est enregistré il y perd un peu de sa qualité ; ou alors quand vous allumez un appareil de haute fidélité vous entendrez toujours un sifflement avant le son de la musique. Cependant, les sons qui sont produits par la technologie du corps humain sont extrêmement précis et d'une grande netteté. Une oreille humaine ne perçoit jamais un son accompagné par un sifflement ou alors entaché de parasites comme le fait l'appareil de haute fidélité (la hi-fi) ; il perçoit le son exactement tel qu'il est, clair et net. C'est ainsi que cela a fonctionné depuis la création de l'homme.

Jusqu'à maintenant, aucun appareil visuel ou d'enregistrement produit par l'homme n'a été aussi sensible et aussi réussi dans la perception de données sensorielles que ne le font l'œil et l'oreille.

Cependant, concernant la vision et l'audition, une vérité beaucoup plus importante les sous-tend.

A qui appartient la conscience qui voit et entend dans le cerveau ?

Qui voit un monde agréable et plaisant dans son cerveau, écoute des symphonies ou le gazouillement d'oiseaux et peut sentir la rose ?

Les stimulations provenant des yeux, des oreilles et du nez d'un être humain vont au cerveau comme des impulsions nerveuses électrochimiques. En biologie, en physiologie et dans les livres de biochimie, vous pourrez trouver tous les détails sur la formation de l'image dans le cerveau. Mais, vous ne rencontrerez jamais l'élément le plus important de ce sujet : qui donc perçoit les impulsions nerveuses électrochimiques en tant qu'images, sons, odeurs et événements sensoriels dans le cerveau ? Il y a une conscience dans le cerveau qui perçoit tout cela sans ressentir le besoin d'avoir un œil, une oreille ou un nez. A qui appartient cette conscience ? Il ne fait aucun doute que cette conscience n'appartient pas aux nerfs, à la couche grasse et aux neurones qui constituent le cerveau. C'est pourquoi les matérialistes darwiniens, qui croient que tout est constitué de matière, ne peuvent donner de réponse à ces questions.

Car cette conscience est l'âme que Dieu a créée. L'âme n'a besoin ni d'œil pour voir les images, ni d'oreille pour entendre les sons. En outre, elle n'a pas non plus besoin de cerveau pour penser.

Chaque personne qui lit cette évidence scientifique très claire devrait penser à Dieu Tout-Puissant, Le craindre et chercher refuge auprès de Lui. Lui, Qui enserre l'univers entier en un espace sombre de quelques centimètres cubes dans un format tridimensionnel, coloré, fait d'ombre et de lumière.

Une croyance matérialiste

L'information que nous avons présentée jusqu'ici nous montre que la théorie de l'évolution est une revendication à l'évidence en contradiction avec les découvertes scientifiques. La prétention de la théorie de l'évolution à propos de l'origine de la vie est inconséquente avec la science. Les mécanismes évolutionnistes qu'elle propose n'ont aucun pouvoir sur l'évolution et les données connues se rapportant aux fossiles démontrent que les formes intermédiaires nécessaires selon la théorie n'ont jamais existé. Ainsi, il devient certainement logique que la théorie de l'évolution devrait être mise à l'écart comme une idée non scientifique. Il existe un nombre incalculable d'idées, telles que l'idée de la Terre comme centre de l'Univers, qui ont été rayées des préoccupations de la science à travers l'histoire.

Malgré cela, la théorie de l'évolution reste avec insistance à l'ordre du jour de la recherche scientifique. Certains vont jusqu'à essayer de faire passer les critiques formulées contre la théorie comme "une attaque contre la science." Pour quelle raison le font-ils ?

La raison en est que la théorie de l'évolution est une croyance dogmatique indispensable à certains cercles. Ces milieux sont aveuglément dévoués à la philosophie matérialiste et adoptent le darwinisme parce qu'il est la seule explication matérialiste qui peut être avancée pour la nature.

Mais de façon assez intéressante, ils leur arrivent aussi de le reconnaître de temps en temps. Richard C. Lewontin, célèbre généticien et évolutionniste, de l'Université de Harvard, avoue qu'il est "d'abord un matérialiste avant d'être un homme de science" en ces termes :

> Ce ne sont pas les méthodes et les institutions de la science qui nous forcent d'une certaine façon à accepter une explication matérielle du monde phénoménal, mais, au contraire, nous sommes forcés par notre adhésion a priori à des causes matérielles à créer un appareil d'investigation et un ensemble de concepts qui produisent des explications matérielles, peu importe qu'elles aillent à l'encontre de l'intuition, peu importe qu'elles soient mystifiantes pour le non-initié. De toute façon, le matérialisme est absolu et nous ne pouvons pas permettre... un[e

intervention] divin[e]... *(Richard Lewontin, "The Demon-Haunted World," The New York Review of Books, 9 janvier 1997, p. 28)*

Ce sont des déclarations explicites montrant que le darwinisme est un dogme entretenu uniquement par adhésion au matérialisme. Ce dogme maintient qu'il n'y a aucun être à l'exception de la matière. De ce fait, il soutient que la matière inanimée et inconsciente a créé la vie. Il suggère que des millions d'espèces vivantes différentes telles que les oiseaux, les poissons, les girafes, les tigres, les insectes, les arbres, les fleurs, les baleines et les êtres humains sont issues du résultat d'interactions de la matière, comme la pluie torrentielle ou l'éclair de la foudre, etc. c'est-à-dire de matière inanimée. C'est un précepte à la fois contraire à la raison et à la science. Pourtant les darwinistes continuent à défendre avec ignorance ce précepte pour ne pas reconnaître l'existence évidente de Dieu.

Quiconque ne regarde pas l'origine des êtres vivants avec un préjugé matérialiste conviendra de cette vérité évidente : tous les êtres vivants sont l'œuvre d'un Créateur, qui est tout-puissant, sage et omniscient. Ce Créateur est Dieu, Il est Celui qui a créé l'univers entier à partir du néant, l'a conçu sous la forme la plus parfaite et a façonné tous les êtres vivants.

Le sortilège le plus puissant au monde : la théorie de l'évolution

Quiconque est libre de préjugés et de l'influence d'une idéologie particulière, quiconque est capable de faire fonctionner sa raison et sa logique comprendra que la croyance en la théorie de l'évolution, qui rappelle les superstitions des sociétés dépourvues de connaissance de la science ou de civilisation, est tout à fait impossible.

Comme nous l'avons expliqué plus haut, les avocats de la théorie de l'évolution sont persuadés que quelques atomes et molécules jetés dans un grand chaudron peuvent donner naissance à des universitaires, à des scientifiques tels que Einstein ou Galilée, à des artistes comme Humphrey Bogart, Frank Sinatra ou Luciano Pavarotti, à des antilopes, des citronniers ou des œillets. Se rendre compte que ce sont justement des scientifiques et des individus instruits qui défendent cette théorie insensée justifie l'emploi du qualificatif de "plus puissant sortilège au monde". Jamais auparavant une idée ou une conviction n'avait à ce point aveuglé et démuni les hommes de leur capacité d'entendement. Leur égarement est pire que celui des Egyptiens adorant le roi soleil Ra, celui des peuples d'Afrique vouant un culte aux totems, celui du peuple de Saba adorant le Soleil, celui de la tribu du Prophète Abraham (psl) adorant les idoles qu'ils avaient façonnés de leurs propres mains, ou celui du peuple du Prophète Moïse (psl) adorant le veau d'or.

Dieu a déjà fait allusion, dans le Coran, à cette absence de raisonnement. Dans de nombreux versets, Il révèle que l'esprit des hommes sera scellé et qu'ils seront incapables de voir la vérité.

Certes les infidèles ne croient pas, cela leur est égal, que tu les avertisses ou non: ils ne croiront jamais. Dieu a scellé leurs cœurs et leurs oreilles ; et un voile épais leur couvre la vue ; et pour eux il y aura un grand châtiment. (Coran, 2 : 6-7)

... Ils ont des cœurs, mais ne comprennent pas. Ils ont des yeux, mais ne voient pas. Ils ont des oreilles, mais n'entendent pas. Ceux-là sont comme les bestiaux, même plus égarés encore. Tels sont les insouciants. (Coran, 7 : 179)

Et même si Nous ouvrions pour eux une porte du ciel, et qu'ils pussent y monter, ils diraient: "Vraiment nos yeux sont voilés. Mais plutôt, nous sommes des gens ensorcelés." (Coran, 15 : 14-15)

Les mots ne peuvent pas exprimer la surprise qu'un tel sortilège parvienne à avoir une emprise aussi vaste sur la vérité depuis 150 ans. Il serait compréhensible que quelques individus isolés croient à ce genre de scénarios impossibles, bourrés de stupidités et d'illogismes. Or, dans le cas présent, seul le mot "magique" peut expliquer que des personnalités des quatre coins du monde pensent que des atomes inconscients et sans vie aient pu soudainement décider de s'assembler pour former un univers parfait dans son organisation, sa discipline, son raisonnement et sa conscience; une planète nommée Terre avec toutes ses caractéristiques qui la rendent si propice à la vie; les êtres vivants dans leurs innombrables complexités.

Le Coran raconte l'opposition entre le Prophète Moïse (psl) et Pharaon afin de montrer que les partisans de philosophies polythéistes influencent, en fait, les autres par la magie. Lorsqu'il fut informé de la véritable religion, Pharaon invita le Prophète Moïse (psl) à rencontrer ses propres magiciens. Le Prophète Moïse (psl) invita les magiciens à faire preuve de leurs aptitudes en premier. La suite vient dans les versets suivants:

"Jetez", dit-il. Puis lorsqu'ils eurent jeté, ils ensorcelèrent les yeux des gens et les épouvantèrent, et vinrent avec une puissante magie. (Coran, 7 : 116)

Les magiciens de Pharaon furent capables de tromper tout le monde, à l'exception du Prophète Moïse (psl) et de ceux qui croyaient en lui. Ses preuves rompirent le sortilège en "avalant ce qu'ils avaient fabriqué":

Et Nous révélâmes à Moïse : "Jette ton bâton." Et voilà que celuici se mit à engloutir ce qu'ils avaient fabriqué. Ainsi la vérité se manifesta et ce qu'ils firent fût vain. (Coran, 7 : 117-118)

Quand l'auditoire comprit qu'il avait été sous l'influence d'un sortilège et que ce qu'il avait vu n'était qu'une illusion, les magiciens perdirent toute leur crédibilité. Aujourd'hui aussi, à moins que ceux qui croient et

Les croyances des darwinistes sont tout aussi étranges et incroyables qu'a pu l'être le culte de certains peuples pour les crocodiles. Les darwinistes considèrent le hasard et des atomes inconscients et sans vie comme une force créatrice. Ils se vouent à cette croyance comme à une religion.

défendent ces idées ridicules aux apparences scientifiques n'abandonnent leurs superstitions, ils subiront une amère humiliation le jour où la vérité nue émergera et que le sortilège sera déjoué. Le célèbre écrivain et philosophe britannique Malcolm Muggeridge affirma également:

> Moi-même je suis convaincu que la théorie de l'évolution, en particulier dans l'étendue où elle a été appliquée, sera l'une des plus grandes plaisanteries dans les livres d'histoire du futur. La postérité s'émerveillera devant l'incroyable crédulité suscitée par une hypothèse aussi douteuse et peu solide. *(Malcolm Muggeridge, The End of Christendom, Grand Rapids: Eerdmans, 1980, p. 43)*

Ce futur n'est pas si lointain. Au contraire, le public comprendra bientôt que "le hasard" n'est pas une divinité et considérera la théorie de l'évolution comme le pire mensonge et le plus terrible sortilège au monde. Ce sort commence rapidement à se rompre. De plus en plus de personnes perçoivent la véritable face de cette théorie et se demandent comment elles ont pu se laisser berner.

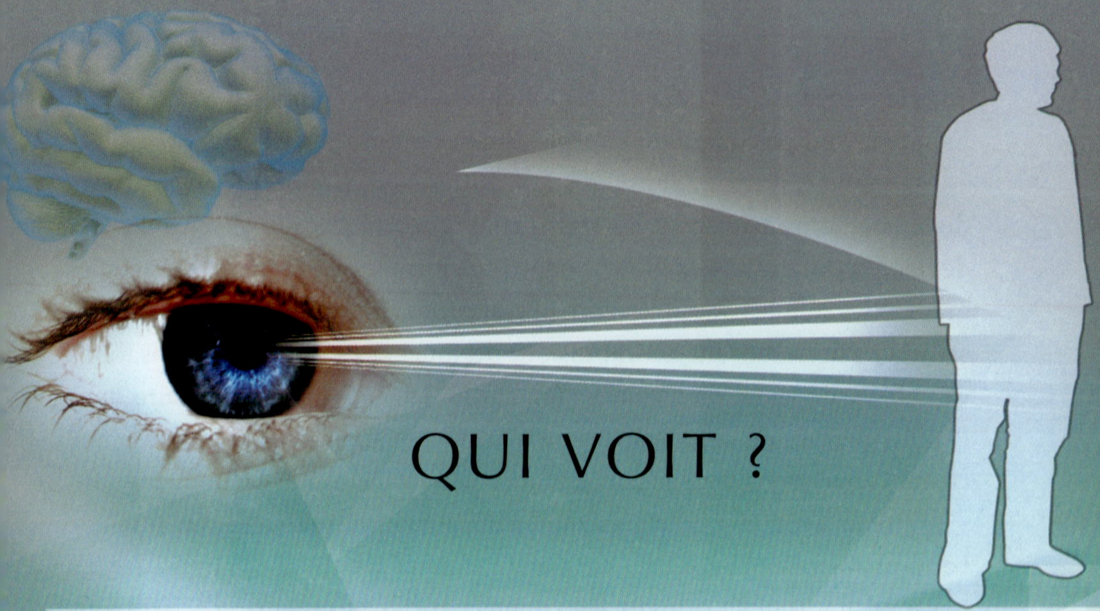

QUI VOIT ?

Dès sa naissance, l'homme est soumis à l'endoctrinement constant de la société. La partie potentiellement la plus persuasive de cet endoctrinement veut que la réalité se défi-nisse par ce que les mains peuvent touc¬her et les yeux peuvent voir. Cette perspective re-lativement influente chez la majorité de la société est transmise sans questionnement de génération en génération.

Néanmoins, sans être assujetti à un endoctrinement quelconque, un instant de réflexion objective suffirait à dévoiler un fait étonnant :

Tout ce que nous rencontrons au cours de notre existence – les êtres humains, les animaux, les fleurs, leurs couleurs, leurs odeurs, les fruits, leurs goûts, les planètes, les étoiles, les montagnes, les pierres, les édifices, l'espace – correspondent à des perceptions interprétées par nos cinq sens. Pour clarifier, il sera utile d'examiner les sens, à savoir les agents qui nous fournissent l'information à propos du monde extérieur.

Les cinq facultés sensorielles de l'homme – la vue, l'ouie, l'odorat, le goût et le toucher – fonctionnent de la même manière. Les stimuli (les lumières, les sons, les odeurs, les goûts et les textures) provenant des objets du monde extérieur sont transmis par les nerfs vers les centres sensoriels situés dans le cerveau. Ces stimuli atteignent le cerveau sous forme de signaux électriques. Ainsi durant le processus de vision, les rayons lumineux (ou photons) issus des sources du monde extérieur sont perçus par la rétine au fond de l'œil et suite à une série de processus sont transformés en signaux électriques. Ces signaux sont transférés par les nerfs vers le centre de vision dans le cerveau. C'est dans cet espace de quelques centimètres cubes qu'un monde vivant en couleur et en trois dimensions est perçu.

Le même système s'applique aux autres sens. Les cellules à la surface de la langue transforment les traces chimiques en signaux électriques qui deviennent le goût. Les odeurs sont transformées en signaux électriques grâce à des cellules de l'épithélium dans le nez. Des capteurs spéciaux logés sous la peau traduisent les impulsions du toucher (telles que les sensations de dur ou de mou) en signaux électriques. Un mécanisme similaire dans l'oreille permet de percevoir les sons. Tous ces signaux sont envoyés aux centres appropriés dans le cerveau afin de se transformer en perception.

Prenons un exemple concret. Supposons que vous êtes en train de boire un verre de limonade. La surface dure et fraîche du verre que vous tenez est traduite en signaux électriques par des récepteurs spéciaux sous la peau, signaux qui sont ensuite envoyés vers le cerveau. Parallèlement, l'odeur de la limonade, son goût et sa couleur deviennent également des signaux transmis au cerveau. De même, le tintement du verre lorsque vous le posez sur la table est perçu par l'oreille et transmis vers le cerveau sous forme de signal électrique. Ces perceptions sont interprétées dans le cerveau par les centres appropriés œuvrant de façon harmonieuse. Le cumul de ces impulsions vous permet de ressentir que vous êtes en train de boire un verre de limonade.

Ce fait important fut discuté par B. Russell et L.J.J. Wittgenstein, deux célèbres philosophes :

> Par exemple, on ne peut pas remettre en question, ni enquêter sur le fait de savoir si un citron existe réellement ou non, ou quelle est son origine. Un citron correspond simplement à un goût laissé sur la langue, une odeur sentie par le nez, une couleur et une forme perçue par l'œil ; et seules ces caractéristiques peuvent être soumis à examen et à évaluation. La science ne peut jamais connaître le monde physique. *(John L. Esposito, Islam : The Straight Path, p. 58)*

En d'autres termes, il nous est impossible d'atteindre le monde physique. Les objets avec lesquels nous sommes en contact sont, en fait, un

ensemble de perceptions sensorielles. Au cours de notre existence, en traitant les données dans les centres sensoriels, nous nous trouvons en présence non pas des "originaux" de la matière existant en dehors de notre personne, mais des copies au sein de notre cerveau et nous faisons erreur quand nous nous imaginons que ces copies sont des exemples de la matière réelle en dehors de nous-même.

Ce fait évident a enfin été prouvé par la science. Tous les scientifiques vous démontreront comment le système fonctionne et vous présenteront le monde dans lequel nous vivons comme un agrégat de perceptions formées dans notre cerveau. Le physicien anglais John Gribbin affirme que nos sens sont une interprétation des stimulations provenant du monde extérieur – comme s'il y avait un arbre dans le jardin. Selon lui, notre cerveau perçoit les sti-

mulations filtrées par nos sens et l'arbre n'est qu'une stimulation. Il se demande alors quel arbre est réel ? Celui formé par nos sens ou l'arbre dans le jardin ? *(Prof. Thomas Arnold, The Spread of Islam in the World, A History of Peaceful Preaching, p. 56)*

Cette découverte nécessite indéniablement une réflexion profonde. Ces faits physiques nous mènent par conséquent vers une conclusion indiscutable : tout ce que nous voyons, touchons, entendons et appelons "la matière", "le monde" ou "l'univers" n'est rien de plus que des signaux électriques interprétés par notre cerveau. Nous ne pourrons jamais atteindre la matière originale en dehors de notre cerveau. Nous goûtons, entendons et voyons simplement une image du monde extérieure fabriquée dans notre cerveau.

Celui qui mange une pomme est en présence non pas du fruit réel mais de sa perception dans le cerveau. Ce que l'individu croit être une pomme correspond, en réalité, à la perception dans son cerveau d'une information électrique liée à la forme, au goût, à l'odeur et à la texture du fruit. Si les nerfs optiques dans le cerveau étaient soudainement sectionnés, l'image du fruit disparaîtrait instantanément. Toute déconnexion du nerf olfactif reliant les capteurs dans le nez au cerveau suspendrait complètement le sens de l'odorat. Autrement dit, cette pomme n'est rien de plus que l'interprétation de signaux électriques par le cerveau.

Intéressons-nous à la notion de distance. L'espace libre entre vous et cette page est une notion de vide formée dans votre cerveau. Les objets qui semblent, selon vous, éloignés existent également dans votre cerveau. Par exemple, l'observateur des étoiles dans le ciel s'imagine qu'elles sont à des millions d'années lumière de distance, alors qu'en réalité, les étoiles sont en lui, dans son centre de vision. Tandis que vous êtes en train de lire ces lignes, vous n'êtes pas dans la pièce où vous croyez être. Au contraire, cette pièce est en vous. La perception de votre corps vous fait croire que vous êtes à l'intérieur. Or, votre corps aussi est un ensemble d'images formées par votre cerveau.

Des millions de couleurs dans le noir le plus complet

Une étude plus détaillée du sujet révèle des vérités encore plus extraordinaires. Nos centres sensoriels sont situés dans le cerveau. Cet organe d'environ 1,5 kg est protégé par un ensemble d'os, à savoir le crâne, où ne pénètrent ni la lumière, ni les sons, ni les odeurs. L'intérieur du crâne est un endroit silencieux et obscur.

Mais en dépit de l'obscurité complète qui règne le cerveau, des millions de tons de couleurs, de sonorités, de goûts et d'odeurs y sont constitués.

Comment cela se produit-il ?

Qu'est-ce qui nous permet de percevoir la lumière là où il n'y a pas de lumière, les odeurs là où il n'y a pas d'odeurs, des sons là où le silence complet règne ? Qui a créé tout cela pour nous ?

Chaque instant de la vie est jalonné par une variété de miracles. Comme nous l'avons mentionné plus tôt, tout ce que vos sens détectent à propos de la pièce dans laquelle vous vous trouvez est envoyé sous forme de signaux électriques vers votre cerveau. Votre cerveau les interprète de sorte à vous donner la perception d'une pièce. En d'autres termes, alors que vous croyez être assis dans cette pièce, cette pièce est, en réalité, en vous-même, dans votre cerveau. "L'endroit" où la pièce est assemblée et perçue est petit, sombre et insonorisé. Pourtant, une pièce entière ou tout un paysage, quelles que soient ses dimensions, y sont contenus. Ce même atelier perçoit aussi bien un petit placard que le vaste panorama de la mer.

Notre cerveau interprète et attribue un sens aux signaux ayant trait au "monde extérieur". Prenons l'exemple du sens de l'ouie. C'est notre cerveau qui s'occupe d'interpréter et de transformer les ondes sonores en symphonie. La musique est, effectivement, une autre perception créée dans notre cerveau. De la même manière, quand nous percevons des couleurs, ce qui atteint nos yeux n'est que lumière de longueurs d'ondes variables. Une fois encore, c'est notre cerveau qui transforme ces signaux en couleurs. Le "monde extérieur" est dépourvu de couleurs : les pommes ne sont pas rouges, le ciel n'est pas bleu et les feuilles ne sont pas vertes. Ces éléments apparaissent tels qu'ils sont parce que c'est ainsi que nous les percevons.

Le moindre défaut dans la rétine oculaire peut provoquer le daltonisme. Ainsi certains ne voient pas de différence entre le bleu et le vert, tandis que d'autres perçoivent le rouge comme étant du bleu. Peu importe alors si l'objet extérieur est coloré ou non.

L'éminent penseur George Berkeley s'intéressa à ce débat :

A l'origine, on croyait que les couleurs, les odeurs, etc. "existaient réellement" mais par la suite on renonça à de telles idées et on comprit alors qu'ils existent uniquement selon nos sensations. *(John L. Esposito, Islam : The Straight Path, p. 59)*

En conclusion, la raison pour laquelle nous voyons les objets en couleur ne vient pas du fait qu'ils soient réellement colorés ou qu'ils aient une existence matérielle dans le monde externe. La vérité est que les qualités que nous associons aux objets sont toutes en nous.

Il s'agit, peut-être, là d'une vérité que vous n'avez jamais envisagée.

La science limitée de l'humanité

L'une des implications des faits décrits jusqu'ici se définit par la limite excessive de la science humaine du monde externe.

Cette connaissance se limite aux cinq sens, sans qu'il n'y ait toutefois la preuve que le perçu par ces sens soit identique au monde "réel".

Il peut, par conséquent, s'avérer tout à fait différent de ce que nous percevons. Nous pouvons ainsi être inconscients de l'existence d'autres dimensions et êtres vivants. Même si nous parvenions à atteindre les extrémités de l'univers, notre savoir n'en resterait pas moins limité.

Dieu Tout-Puissant, le Créateur de tout, dispose de la science complète et parfaite de tous les êtres qu'Il créa. En revanche, Ses créatures ne disposent que de la science qu'Il leur permet d'avoir, comme l'entendent ces versets tirés du Coran :

> **Dieu ! Point de divinité à part Lui, le Vivant, Celui Qui subsiste par Lui-même. Ni somnolence ni sommeil ne Le saisissent. A lui appartient tout ce qui est dans les cieux et sur la terre. Qui peut intercéder auprès de Lui sans Sa permission? Il connaît leur passé et leur futur. Et, de Sa science, ils n'embrassent que ce qu'Il veut. Son Trône déborde les cieux et la terre, dont la garde ne Lui coûte aucune peine. Et Il est le Très Haut, le Très Grand. (Coran, 2 : 255)**

Qui est celui qui perçoit ?

Le monde extérieur n'est pas nécessaire pour percevoir. Il suffit d'une stimulation adaptée dans le cerveau pour que les sensations de toucher, de

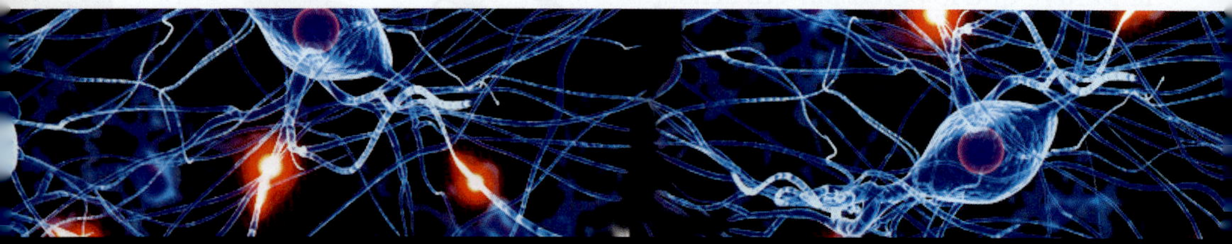

vue et de sons puissent être recréées. La meilleure illustration est le cas des rêves.

Au cours des rêves, le corps est inerte dans un endroit calme et obscur. Les yeux sont fermés. Le cerveau n'a pas besoin de lumière, de son ni d'autres stimuli provenant du monde extérieur pour être capable de percevoir. Dans les rêves, nous sommes tout à fait capables de vivre des choses très proches de la vie réelle. Dans nos rêves, il nous arrive de nous lever, d'aller travailler, d'aller en vacances ou d'apprécier la chaleur du soleil.

Par ailleurs, nous ne doutons jamais de la réalité de ce que nous vivons durant nos rêves. C'est seulement une fois réveillé que nous comprenons avoir rêvé. La réalité du rêve est telle que nous éprouvons même des sentiments de peur, d'anxiété, de joie et de tristesse. Nous y voyons des images, entendons des sons et ressentons la matière. Pourtant, il n'existe pas de source physique produisant ces sensations et perceptions puisque nous sommes allongés au calme dans l'obscurité.

René Descartes, le célèbre philosophe, proposa le raisonnement suivant sur la vérité étonnante des rêves :

Dans mes rêves, je me vois faire des choses variées, aller à plusieurs

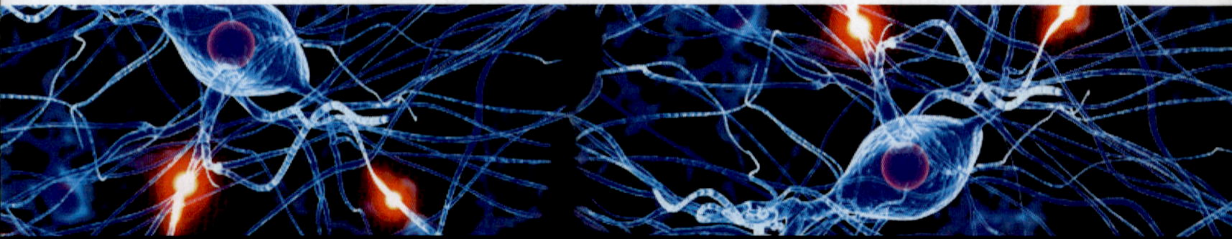

endroits ; lorsque je me réveille cependant, je me rends compte que je n'ai rien fait ni ne suis allé nulle part et que je suis paisiblement alité. Qui peut me garantir que je ne rêve pas à l'heure présente, ou plus, que toute ma vie n'est pas un rêve ?*(Karen Armstrong, Holy War, p. 185)*

Nous nous retrouvons donc face à une vérité manifeste : il n'existe pas de justification à notre volonté à vouloir établir un contact direct avec le monde original dont nous défendons l'existence et dans lequel nous nous imaginons vivre.

Notre cerveau est-il distinct du monde extérieur ?

Si tout ce que nous assimilons au monde extérieur n'est que perceptions produites intérieurement, qu'en est-il du cerveau qui voit et entend ? N'est-il pas composé d'atomes et de molécules comme tout le reste ? Le cerveau est également un morceau de chair que nous percevons à travers nos organes. Ceci étant, qu'est-ce qui perçoit tout – qui voit, entend, touche, sent et goûte – si ce n'est pas le cerveau ?

L'homme, être de conscience capable de voir, sentir, penser et exercer sa raison, est bien plus qu'un simple assemblage d'atomes et de molécules. L'être humain se définit par "l'âme" que Dieu lui a accordée. Sinon, il serait hautement déraisonnable d'attribuer sa conscience et ses autres facultés à un simple organe de chair :

Lui Qui a bien fait tout ce qu'Il a créé. Et Il a commencé la création de l'homme à partir de l'argile, puis Il tira sa descendance d'une goutte d'eau vile ; puis Il lui donna sa forme parfaite et lui insuffla de Son esprit. Et Il vous a assigné l'ouïe, les yeux et le cœur. Que vous êtes peu reconnaissants ! (Coran, 32 : 7-9)

L'être le plus proche de nous est Dieu

Puisque l'être humain ne se limite pas à un amas de matière et qu'il dispose d'une âme, qui donc permet à cette âme de ressentir la somme des perceptions que nous appelons le monde extérieur ? Qui continue à créer toutes ces perceptions, sans arrêts ?

La réponse est évidente. Dieu, Lui Qui insuffla à l'homme Son esprit, est le Créateur de tout. Il est également la source réelle de toutes les perceptions. L'existence de quoique ce soit n'est possible que par la création de Dieu. Dieu nous dit qu'Il crée de façon continue et que lorsqu'Il cessera de créer, tout disparaîtra :

Dieu retient les cieux et la terre pour qu'ils ne s'affaissent pas. Et s'ils s'affaissaient, nul autre après Lui ne pourra les retenir. Il est indulgent et pardonneur. (Coran, 35 : 41)

Ce verset décrit l'intervention divine dans la maintenance de l'univers matériel. Dieu créa l'univers, la terre, les montagnes, tous les êtres vivants et non-vivants et les garde tous sous Son pouvoir à tout instant. Dieu manifeste Son nom al-Khaliq dans l'univers matériel. Dieu est al-Khaliq, à savoir le Créateur de toutes choses, le Créateur à partir du néant. Cela démontre qu'un univers matériel, sous forme d'entités créées par Dieu, existe en dehors de notre cerveau. Toutefois, en tant que miracle et manifestation de la nature supérieure de Sa création et de Son omniscience, Dieu nous montre cet univers matériel sous la forme d'une "illusion", d'une "ombre", d'une "image". Etant donnée la perfection de Sa création, les êtres humains ne pourront jamais atteindre le monde en dehors de leur cerveau. Seul Dieu connaît l'univers matériel réel.

Une autre interprétation du verset ci-dessus est que Dieu entretient constamment les images de l'univers matériel que les hommes voient. (Dieu est le plus savant.) Si Dieu souhaitait ne pas nous montrer l'image du monde dans notre esprit, l'univers entier disparaîtrait devant nous sans que nous puissions jamais l'atteindre à nouveau.

Face à de tels faits, il faut conclure que le seul être absolu est Dieu, Qui englobe tout, dans les cieux et sur la terre :

Ils sont dans le doute, n'est-ce pas, au sujet de la rencontre de leur Seigneur ? C'est Lui certes Qui embrasse toute chose. (Coran, 41 : 54)

A Dieu seul appartiennent l'Est et l'Ouest. Où que vous vous tourniez, la face de Dieu est donc là, car Dieu a la grâce immense ; Il est Omniscient. (Coran, 2 : 115)

C'est à Dieu qu'appartient tout ce qui est dans les cieux et sur la terre. Et Dieu embrasse toute chose. (Coran, 4 : 126)

Et lorsque Nous te disions que ton Seigneur cerne tous les gens par Sa puissance et Son savoir. (Coran, 17 : 60)

Son Trône déborde les cieux et la terre, dont la garde ne Lui coûte aucune peine. Et Il est le Très Haut, le Très Grand. (Coran, 2 : 255)

La science de Dieu et Sa capacité nous cernent de l'avant et de l'arrière, de la droite et de la gauche, autrement dit Dieu nous entoure complètement. Il nous observe partout, à tout instant. Il détient un contrôle absolu sur nos personnes, sur les plans intérieur et extérieur. Le Possesseur de l'infinie puissance est plus proche de nous que notre propre veine jugulaire.

Conclusion

Comprendre correctement le secret au-delà de la matière expliqué dans ce chapitre relève de la plus haute importance. Les montagnes, les plaines, les fleurs, les hommes, les mers, en somme tout ce que nous voyons et tout ce que Dieu créa à partir du néant et dont nous apprenons l'existence dans le Coran existent réellement. Cependant, les hommes ne peuvent pas voir, sentir ou entendre la nature réelle de ces choses à travers leurs organes sensoriels. Ils ne voient et sentent que des copies apparaissant dans leur cerveau. Ce fait scientifique est enseigné dans toutes les facultés de médecine. Il en va de même pour le livre que vous êtes en train de lire en ce moment. Vous ne pouvez ni voir ni toucher sa nature réelle. La lumière provenant du livre original est convertie par certaines cellules dans vos yeux en des signaux électriques, ensuite transmis vers le centre de vision à l'arrière de votre cerveau. C'est là que la vision de ce livre est créée. Autrement dit, vous ne lisez pas un livre devant vos yeux à travers vos yeux. En réalité, ce livre est créé dans le centre de vision au fond de votre cerveau. Le livre que vous lisez est une "copie du livre" au sein de votre cerveau. Le livre original est vu par Dieu.

Cependant le fait que la matière est une illusion formée dans notre cerveau ne "rejette" pas la matière mais nous fournit l'information quant à la nature réelle de la matière : personne ne peut avoir de lien avec son homologue d'origine. Par ailleurs, la matière à l'extérieur est vue non seulement par nous-mêmes mais aussi par tous les autres êtres. Les anges délégués par Dieu en tant qu'observateurs témoignent également de ce monde :

Quand les deux recueillants, assis à droite et à gauche, recueillent. Il ne prononce pas une parole sans avoir auprès de lui un observateur prêt à l'inscrire. (Coran, 50 : 17-18)

Plus important encore est le fait que Dieu voit tout. Il créa ce monde dans tous ses détails et Il le voit dans tous ses états. Il nous l'indique dans le Coran :

... Et craignez Dieu, et sachez que Dieu observe ce que vous faites. (Coran, 2 : 233)

Dis : "Dieu suffit comme témoin entre vous et moi." Il est, sur Ses serviteurs, parfaitement connaisseur et clairvoyant. (Coran, 17 : 96)

Il ne faut pas oublier que Dieu garde des comptes de tout dans le livre nommé *Lawh Mahfuz* (La tablette préservée). Même si nous ne pouvons pas tout voir, elles sont dans "L'écriture-mère", *Lawh Mahfuz,* comme l'indiquent les versets suivants :

Il est auprès de Nous, dans l'écriture-mère, sublime et rempli de sagesse. (Coran, 43 : 4)

... et Nous avons un Livre où tout est conservé. (Coran, 50 : 4)

Et il n'y a rien de caché, dans le ciel et la terre, qui ne soit dans un Livre explicite. (Coran, 27 : 75)

Ils dirent : "Gloire à Toi !
Nous n'avons de savoir que ce que Tu nous as appris. C'est Toi l'Omniscient, le Sage."
(Coran, 2 : 32)

Notes:

1. Peter Douglas Ward, *On Methuselah's Trail*, W. H. Freedman and Company, 1992, p. 9

2. Stephen J. Gould, *The Panda's Thumb*, 1980, pp. 238-239

3. N. Eldredge et I. Tattersall, *The Myths of Human Evolution*, Columbia University Press, 1982, pp. 45-46

4. David Raup, "Conflicts Between Darwin and Paleontology", *Field Museum of Natural History Bulletin*, Field Museum of Natural History: Chicago IL, janvier 1979, vol. 50, no. 1, pp. 22-29

5. D.S. Woodroff, *Science*, vol. 208, 1980, p. 716

6. George G., Simpson, *Tempo and Mode in Evolution*, Columbia University Press, New York, 1944, pp. 105, 107

7. Charles Darwin, *L'origine des espèces*, GF Flammarion, Paris, 1992, pp. 223, 225, 334

8. Derek A. Ager, "The Nature of the Fossil Record", *Proceedings of the British Geological Association*, vol. 87, 1976, p. 133

9. Mark Czarnecki, "The Revival of the Creationist Crusade", *MacLean's*, 19 janvier 1981, p. 56

10. Francis Hitching, *The Neck of the Giraffe: Where Darwin Went Wrong*, New Haven: Tichnor and Fields, 1982, p. 40

11. S. J. Gould, "Evolution's Erratic Pace", *Natural History*, vol. 86, mai 1977

12. Peter Douglas Ward, *On Methuselah's Trail*, W. H. Freedman and Company, 1992, p. 10

13. "The Creatures Time Forgot", *New Scientist*, 23 octobre 1999, p. 36

14. "Balinalarn Evrimi", *National Geographic Turquie*, Novembre 2001, pp. 156-159

15. Niles Eldredge, *Reinventing Darwin*, 1995, p. 77

16.http://www.icr.org/index.php?module=articles&actionview&ID=774

17. Eldredge et Steven M. Stanley. Eds., 1984, Living Fossils, *New York Springer Verlag*, 1984, p. 3

18. Margaret Helder, "Living Fossils: How Significant Are They?", http://www.create.ab.ca/articles/lfossils.html

19. Niles Eldredge, *Reinventing Darwin*, 1995, p. 3

20. Phillip E. Johnson, *Darwin On Trial*, Intervarsity Press, Illinois, 1993, p. 27

21. Jacques Millot, "The Coelacanth", *Scientific American*, vol. 193, décembre 1955, p. 34

22. Samantha Weinberg, *A Fish Caught in Time: The Search For the Cœlacanth*, Perennial Publishing, 2000, p. 20

23. Ibid., pp. 28-29-30

24. www.ksu.edu/fishecology/relict.htm

25. *Bilim ve Teknik*, Novembre 1998, vol. 372, p. 21 ; http://www. cnn.com/TECH/Science/9809/23/living.fossil/index.html

26. Samantha Weinberg, *A Fish Caught in Time: The Search For the Cœlacanth*, Perennial Publishing, 2000, p. 102

27. P. L. Forey, *Nature*, vol. 336, 1988, p. 7

28. Hans Fricke, "Coelacanths: The Fish That Time Forgot", *National Geographic*, vol. 173, no. 6, juin 1988, p. 838

29. *Focus*, avril 2003

30. Ibid.

31. Ibid.

32. Ibid.

33. Ibid.

34. Stephen M. Stanley, *Macroevolution: Pattern and Process*, San Francisco: W. H. Freeman and Co. 1979, pp. 35, 159

35. Gould, S. J., 1980, *The Panda's Thumb*, New York: W. W. Norton Co., pp. 186-193

36. http://www.blavatsky.net/features/newsletters/2005/fossil_record.htm

37. Stephen J. Gould, "The Paradox of the First Tier: An Agenda for Paleobiology", *Paleobiology*, 1985, p. 7

38. Niles Eldredge, "Progress in Evolution?", *New Scientist*, vol. 110, 1986, p. 55

39. N. Eldredge et I. Tattersall, *The Myths of Human Evolution*, 1982, p. 48

40. Stephen J. Gould, *"Cordelia's Dilemma"*, *Natural History*, 1993, p. 15

41. Kemp, Tom S., "A Fresh Look at the Fossil Record", *New Scientist*, vol. 108, 1985, pp. 66-67

42. R. A. Fisher, *The Genetical Theory of Natural Selection*, Oxford Univesity Press, 1930

43. Ernst Mayr, Populations, *Species, and Evolution*, Cambridge, Mass: Belknap Press, 1970, p. 235

44. Lane Lester, Raymond Bohlin, *The Natural Limits to Biological Change*, Probe Books, Dallas, 1989, p. 141

45. M. E. Soulé et L. S. Mills, "Enhanced: No Need To Isolate Genetics", *Science*, 1998, vol. 282, p. 165

46. R. L. Westemeier, J. D. Brawn, S. A. Simpson, T. L. Esker, R. W. Jansen, J. W. Walk, E. L. Kershner, J. L. Bouzat et K. N. Paige, "Tracking the Long-term Decline and Recovery of An Isolated Population",

47. Valentine, J., et Erwin, D., *"Interpreting Great Developmental Experiments: The Fossil Record" in Development as an Evolutionary Process*, Rudolf A. Raff et Elizabeth C. Raff, Editors, New York: Alan R. Liss, Inc., 1985, p. 96

48. http://www.dhushara.com/book/evol/evop.htm

49. Gould. S. J. et Eldredge. N., 1993, "Punctuated Equilibrium Comes of Age", *Nature*, 366, p. 223

50. R. Dawkins, The Blind Watchmaker, 1986, p. 229.

51. C. Darwin, The Origin of Species, 1st ed., p. 302.

52. M. Czarnecki, McLean's, 19 January 1981, p. 56.

53. H. Gee, In Search of Deep Time, Beyond the Fossil Record to a New History of Life, The Free Press, A Division of Simon & Schuster, Inc.,1999, p. 5.

54. A. S. Romer, Chapter in Genetics, Paleontology and Evolution (1963), p. 114

55. N. Eldredge and I. Tattersall, The Myths of Human Evolution, p. 127.

56. M. Midgley, Evolution as a Religion, London: Routledge Classics, 2002, p. 1.

57. E. O. Wilson, et al., Life on Earth, [1973], Sinauer Associates: Sunderland MA, 1975, reprint, p. 624.

58. F. Hitching, The Neck of the Giraffe: Where Darwin Went Wrong, New York: Ticknor and Fields, 1982, pp. 30-31.

59. F. Hitching, The Neck of the Giraffe, pp. 30-31.

Through one single moment you experience, a single sentence you hear, a single shot you see or a single subject you reflect on...

Satellite: Turksat 3A (42° E)
Frequency: 12 524 /22500V (vertical)
en.a9.com.tr

THE WORKS OF HARUN YAHYA

iPad – iPhone – android apps

You can watch all the works of Harun Yahya and A9 TV live from these apps on your iPad, iPhone or iPod touch.
You can obtain these and many other apps from the Apple App Store or Harun Yahya Mobile Apps site.

You can access the entire Harun Yahya collection consisting of 1400 books in 72 languages instantly by downloading this app.

You can watch A9 TV live by downloading this app, or watch programs and documentaries whenever you wish.

You can access the HarunYahya.org web site immediately from a single key on your iPad or iPhone by downloading this app.

With this app you can watch the "Conversations with Adnan Oktar" program on A9 TV live with simultaneous translations in a range of languages. You can also listen to audio books, documentaries and radio programs.

www.harunyahyaapps.com

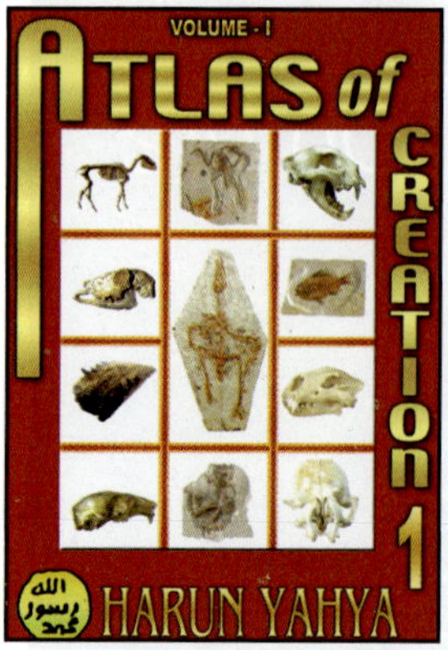

English, Turkish, French, German, Italian, Spanish, Russian, Chinese, Japanese, Arabic, Indonesian, Czech, Hindi, Urdu, Bosnian, Swedish

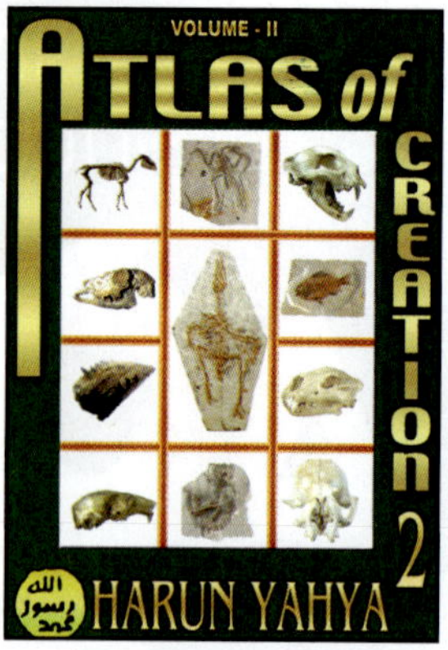

English, Turkish, French, German, Spanish, Arabic, Hindi

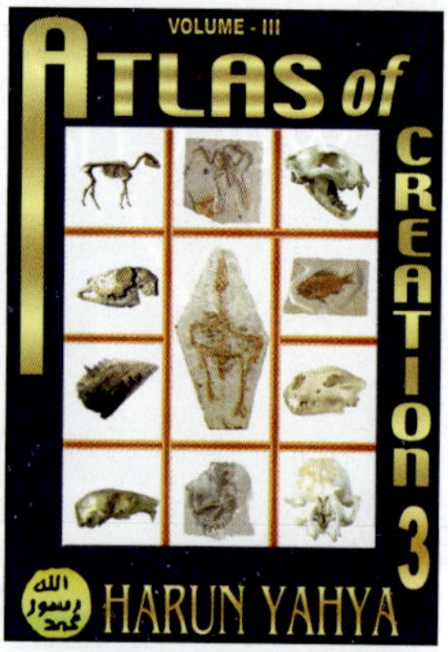

English, Turkish, French, German, Spanish, Arabic, Hindi

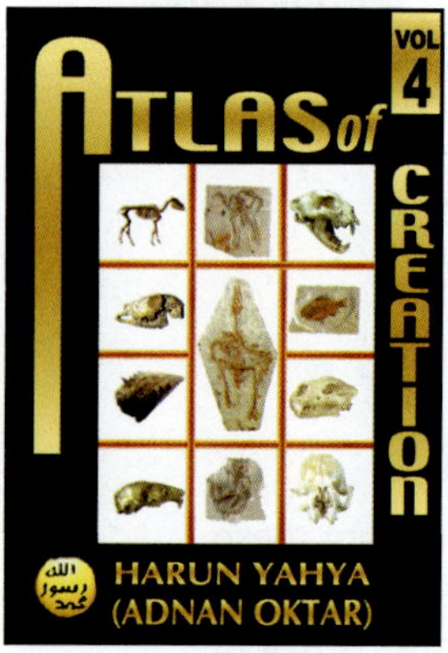

Turkish, English

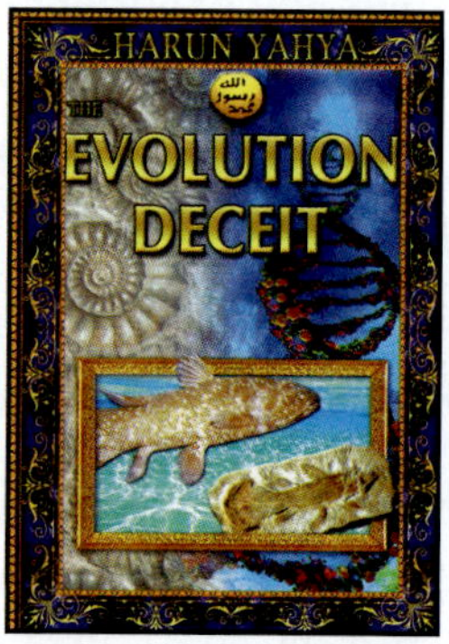

English, Turkish, French, German, Italian, Spanish, Russian, Chinese, Arabic, Dutch, Indonesian, Czech, Hindi, Urdu, Bosnian, Polish, Farsi, Hausa, Portuguese, Hebrew, Malay, Serbian, Swedish

English, Turkish, French, German, Italian, Albanian, Dutch, Azeri, Bengali, Spanish, Russian, Bosnian, Chinese, Arabic, Farsi

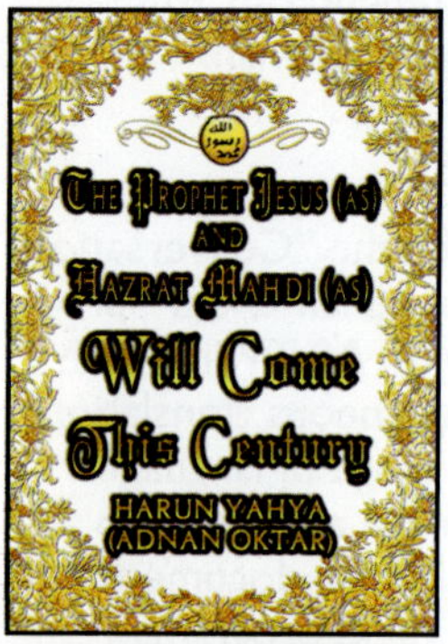

Turkish - English

English, Turkish

English, Turkish

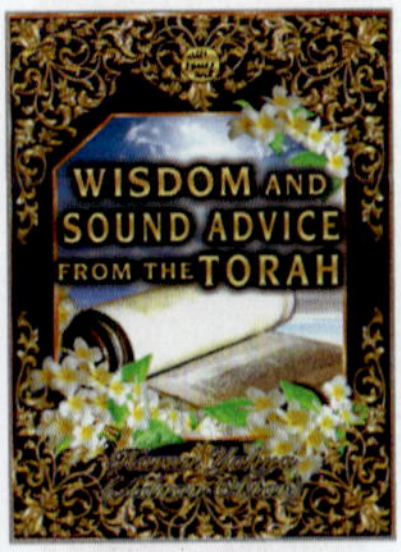

English,Turkish, Hebrew, Azeri

English, Turkish

Turkish - English

English, Turkish

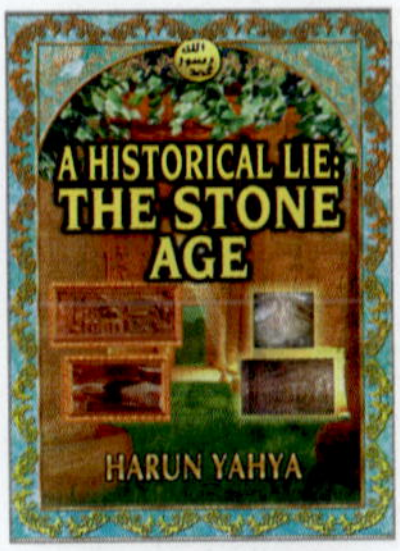

English, Turkish, French, German, Italian, Czech, Malay, Bulgarian, Burmese, Hindi

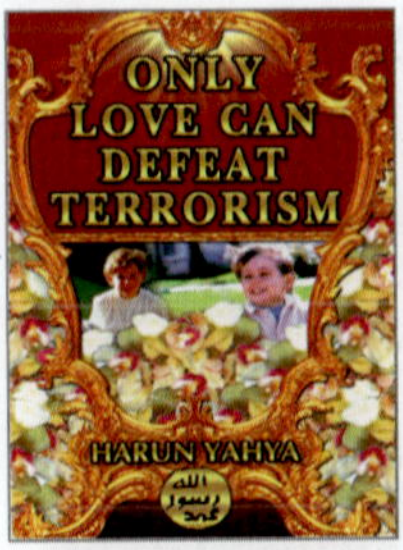

English, Turkish, French, Albanian, Spanish, German, Dutch

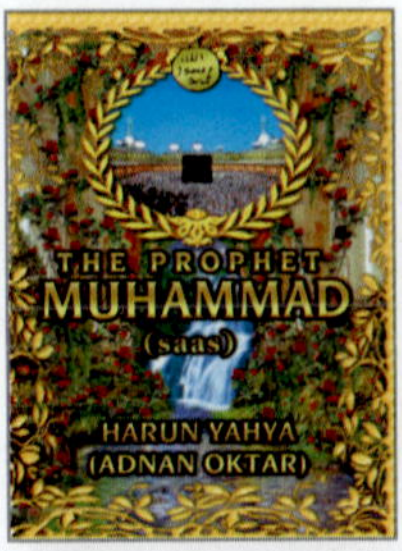

English, Turkish, French, Italian, German, Bosnian, Urdu, Arabic, Azeri

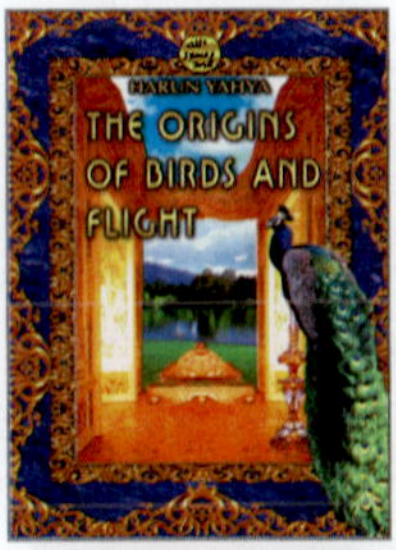

English, Turkish

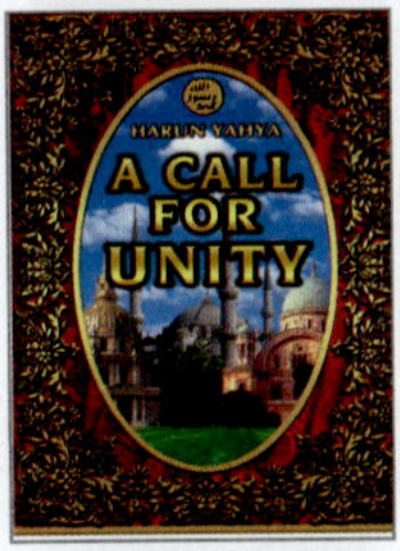

English, Turkish, French, Bulgarian, German

English, Turkish

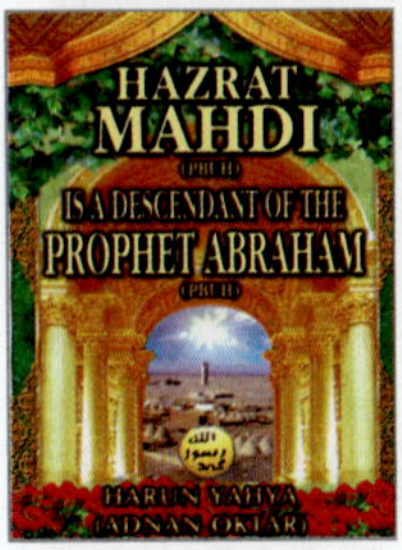

English, Turkish, Azeri

English, Turkish

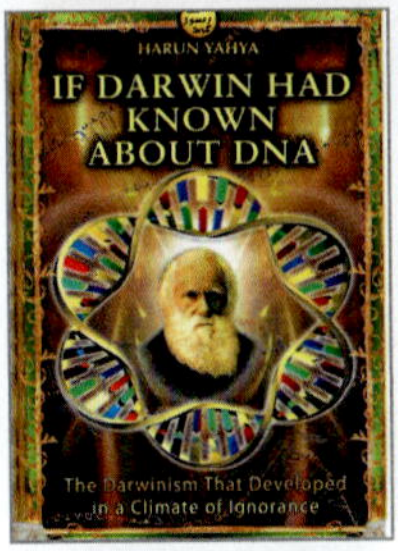

English, Turkish

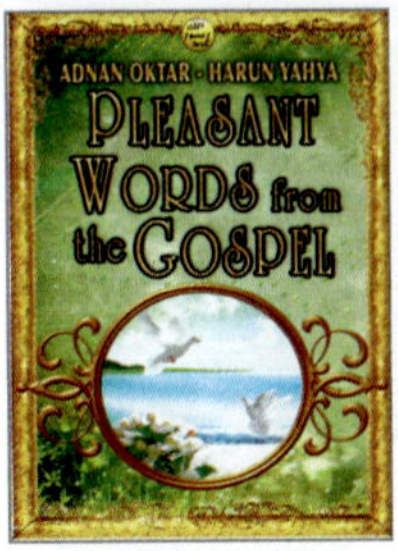

English, Turkish

English, Turkish, French, German, Bulgarian, Kyrgyz, Italian, Indonesian, Hindi

English, Turkish

English, Turkish, French, German, Arabic, Indonesian

English, Turkish, French, German, Albanian, Azeri, Spanish, Russian, Indonesian, Urdu

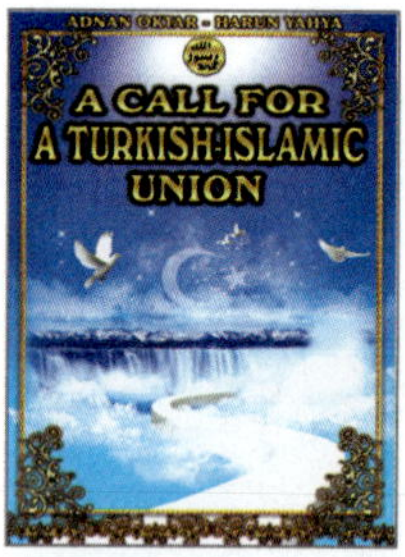

English, Turkish, French, Albanian, Urdu, German

English, Turkish, French, German, Kyrgyz

English, Turkish

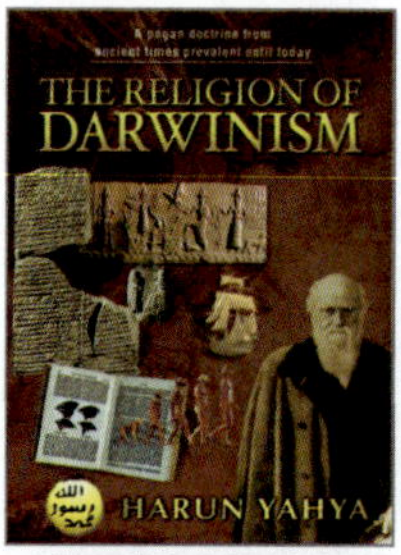

English, Turkish, French, German, Indonesian

English, Turkish, Italian

English, Turkish, French, German, Italian, Spanish, Arabic

English, Turkish, German, Italian, French, Indonesian

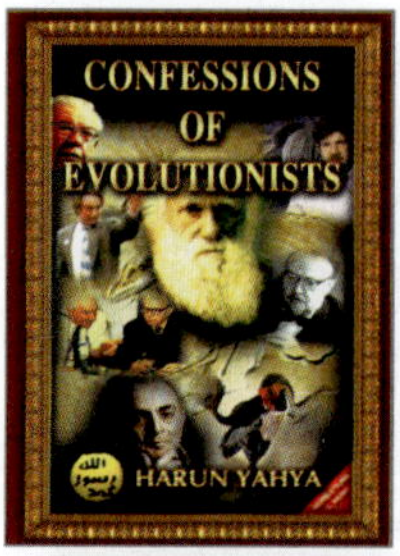

English, Turkish

English, Turkish

English, Turkish

English, Turkish, German, Italian, Indonesian

English, Turkish, French, Albanian, Azeri, Spanish, Russian, Urdu, Malay, Arabic, Kyrgyz

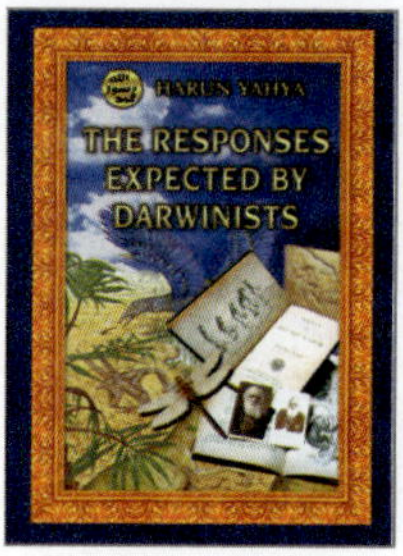

English, Turkish

English, Turkish

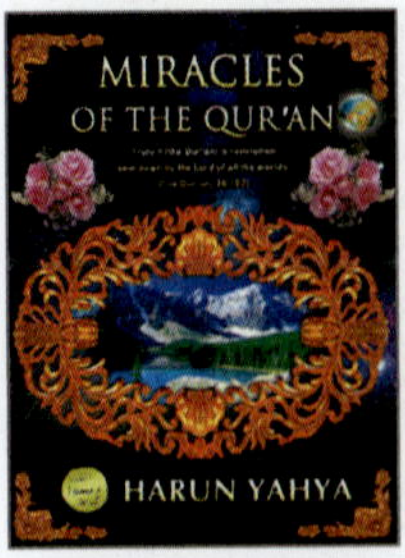

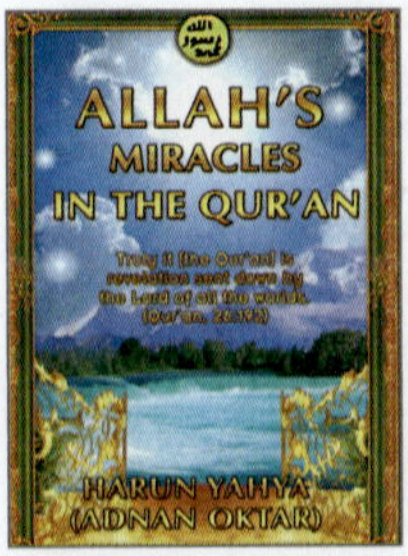

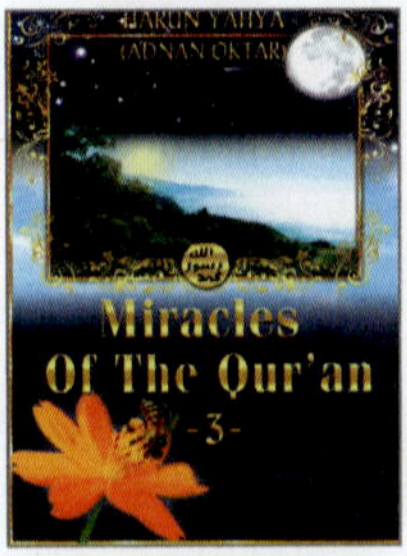

English, Turkish, French, German, Polish, Albanian, Dutch, Azeri, Bengali, Spanish, Russian, Bosnian, Arabic, Farsi, Indonesian, Urdu, Polish, Uzbek, Tamil, Pashto, Thai, Greek, Malay

English, Turkish, French, German, Hebrew

English, Turkish, Czech

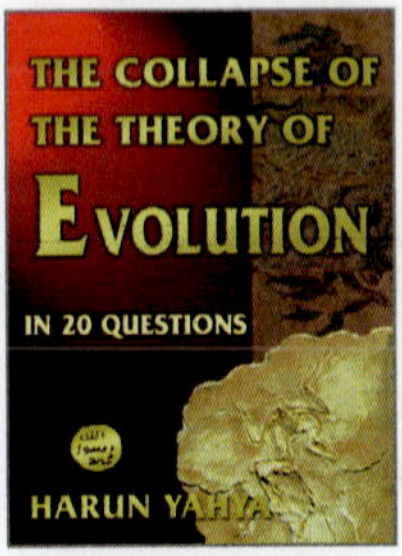

English, Turkish, French, German, Azeri, Spanish, Arabic, Indonesian

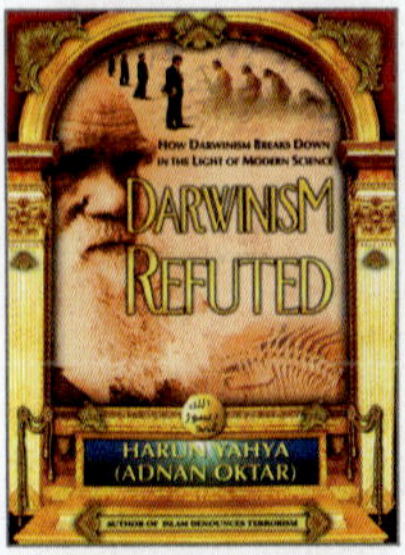

English, Turkish, French, German, Italian, Japanese, Indonesian

English, Turkish, German, Indonesian

English, Turkish

English, Turkish

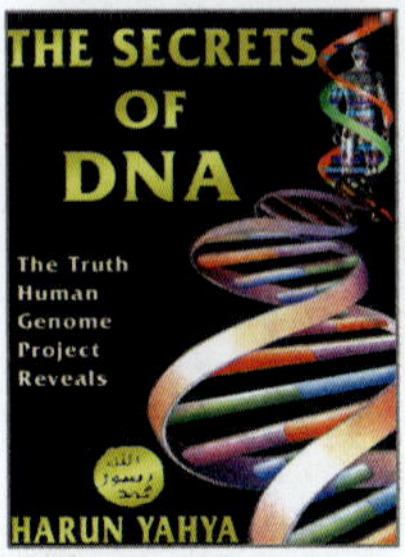

English, Turkish

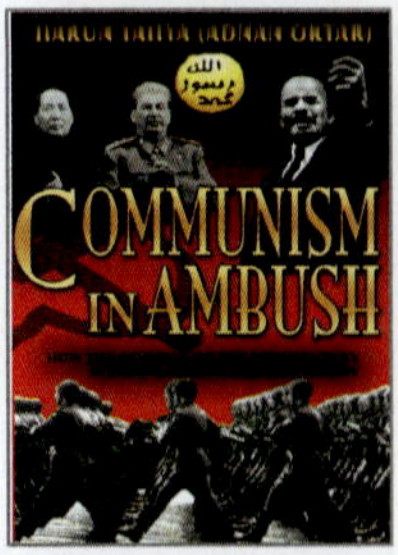

English, Turkish, Bosnian, Burmese

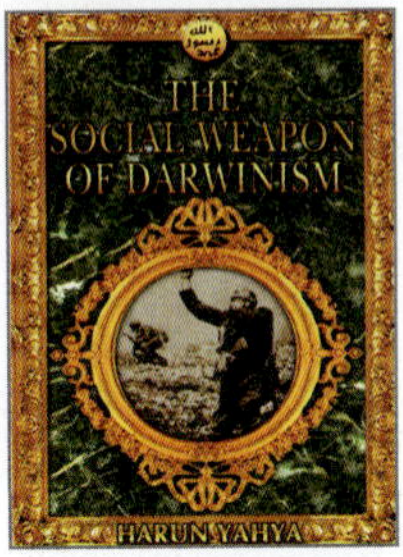

English, Turkish, French, German, Azeri, Spanish, Italian

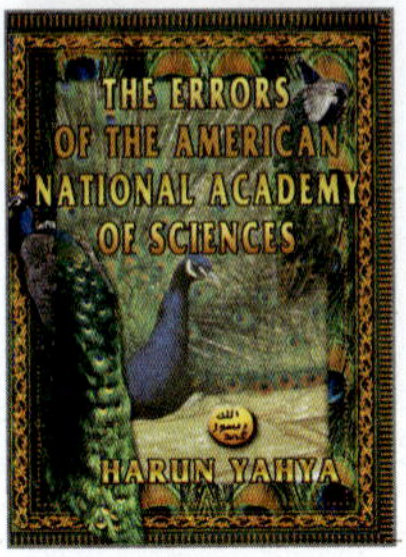

English, Turkish

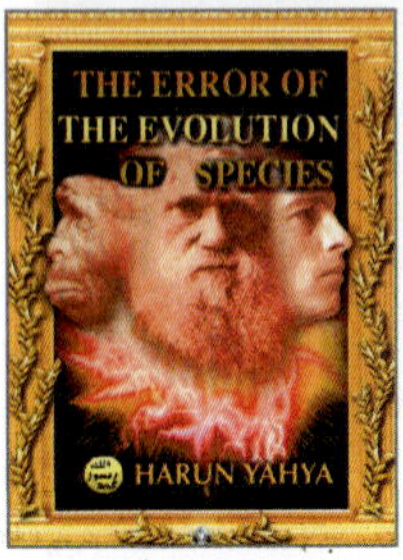

English, Turkish, German

English, Turkish, French, German, Albanian, Bengali, Spanish, Arabic, Burmese, Indonesian, Serbian, Malay

English, Turkish, German

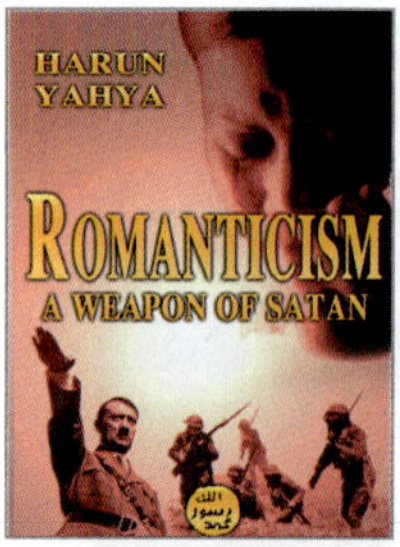

English, Turkish, French, Azeri, Arabic, Indonesian

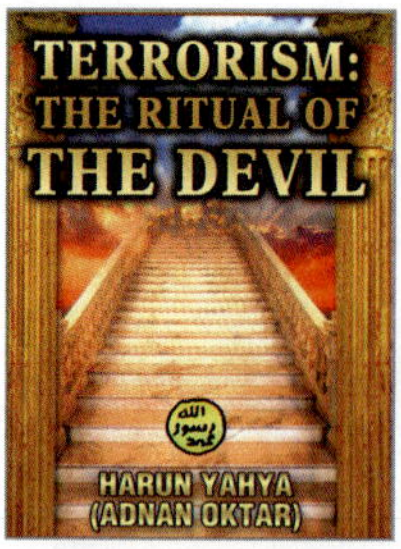

English, Turkish, German, Indonesian

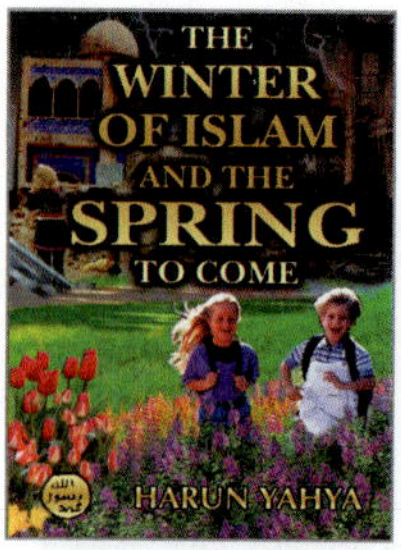

English, Turkish, Malay

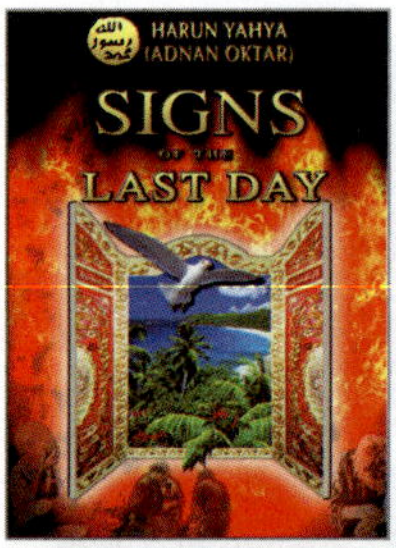

English, Turkish, German, Bengali, Indonesian, Azeri, Bulgarian, Kiswahili

English, Turkish

English, Turkish, French, Malayalam

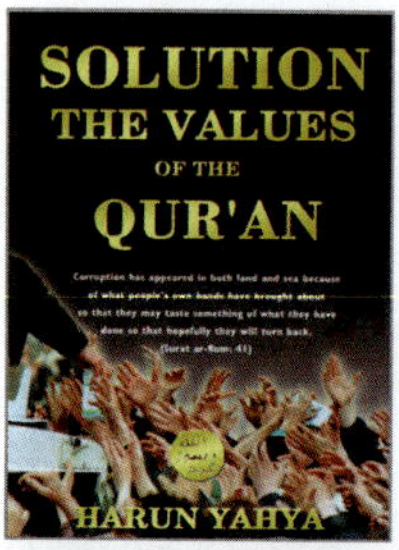

English,Turkish, French, Italian, Arabic, Bengali, Albanian

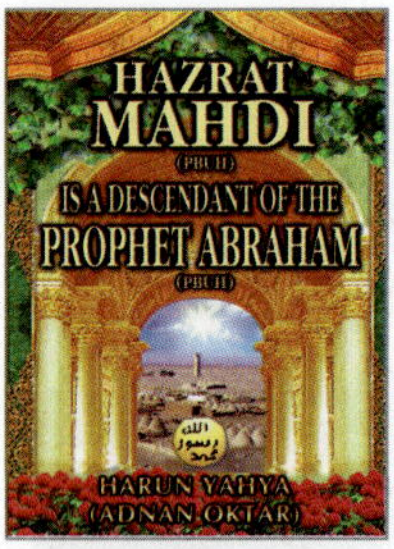

English,Turkish, Azeri

English, Turkish

English, Turkish

English, Turkish, Azeri, Urdu, Malay, Farsi

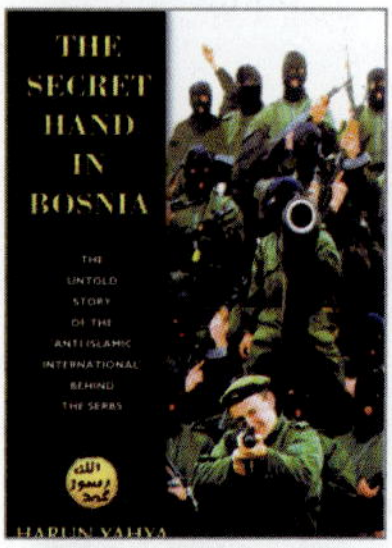

English, Bosnian

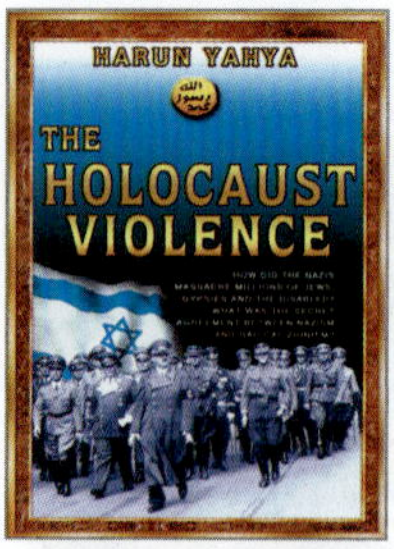

English, Turkish, German, Indonesian, Czech

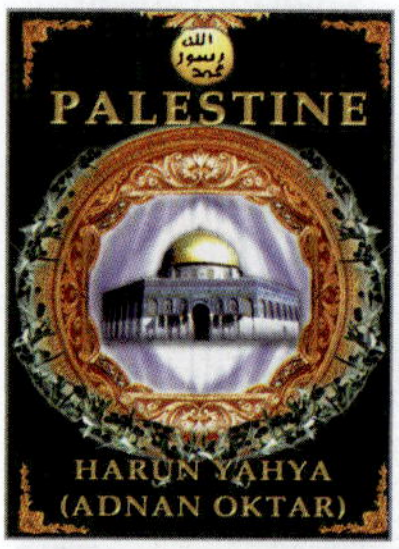

English, Turkish, Arabic, Indonesian, Bosnian

English, Turkish, Russian

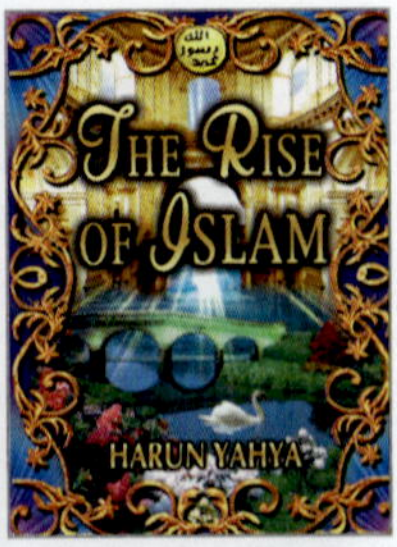

English,Turkish, Albanian

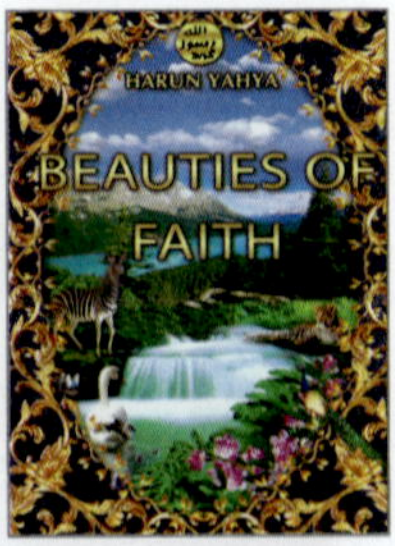

Turkish

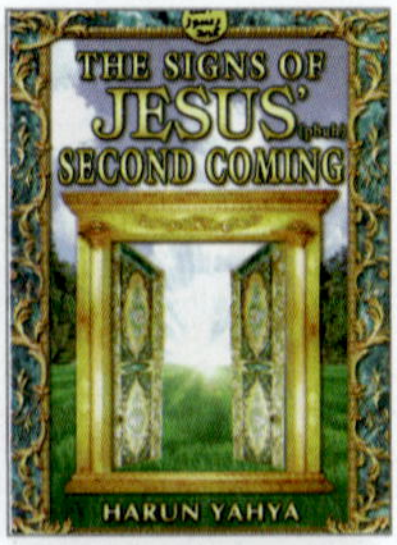

English, Turkish, Bulgarian

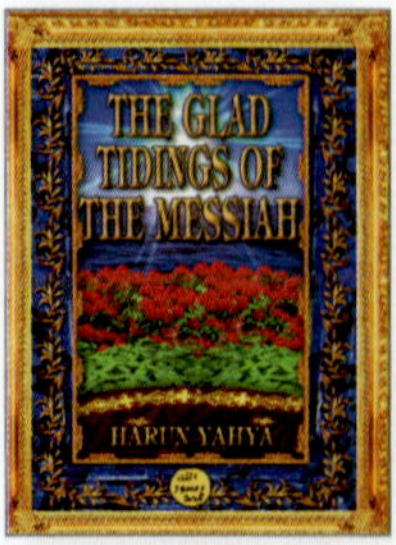

English, Turkish, French

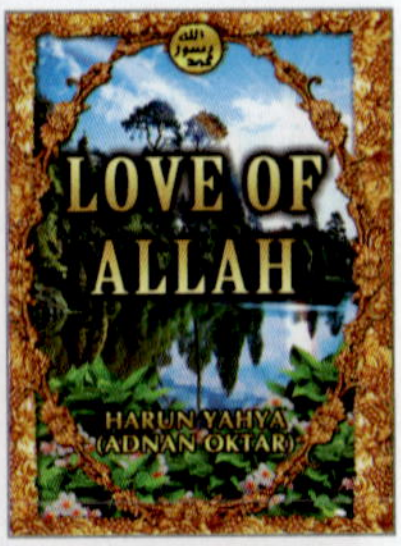

English, Turkish, French, German, Albanian, Urdu, Arabic, Kyrgyz, Azeri

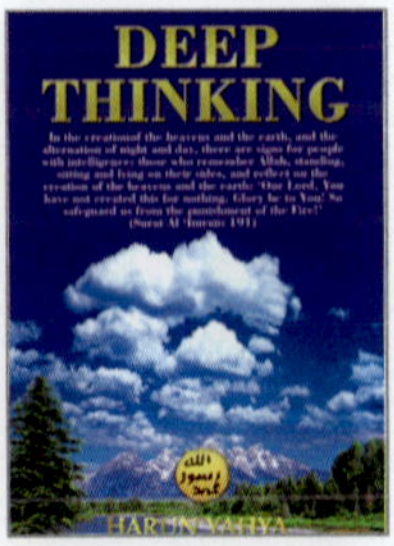

English, Turkish, French, German, Albanian, Bengali, Spanish, Arabic, Indonesian, Tatar

English, Turkish, French, German, Italian, Albanian, Chinese, Spanish, Russian, Arabic, Indonesian, Urdu

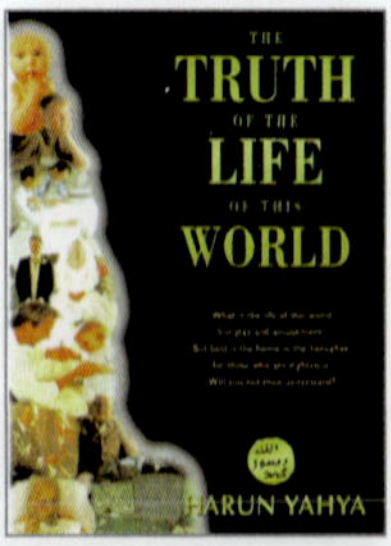

English, Turkish, French, German, Italian, Albanian, Chinese, Czech, Spanish, Russian, Arabic, Indonesian, Urdu, Azeri,

English, Turkish, French, Dutch, Arabic,

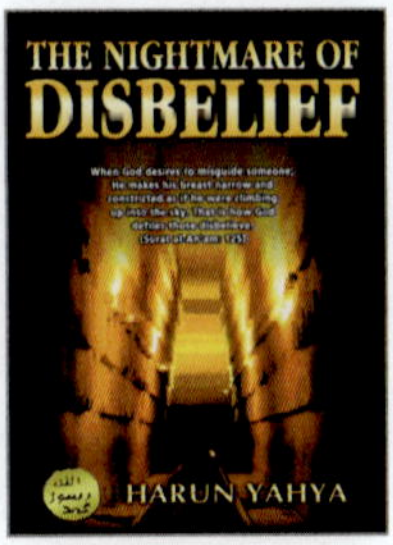

English,Turkish, French, Czech, Arabic,

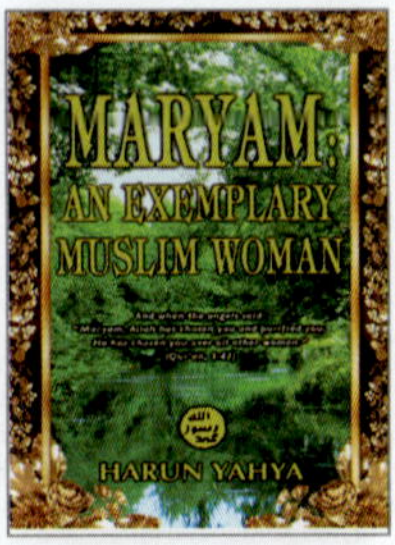

English,Turkish, French, Albanian, Azeri, Georgian, Russian, Urdu, Romanian

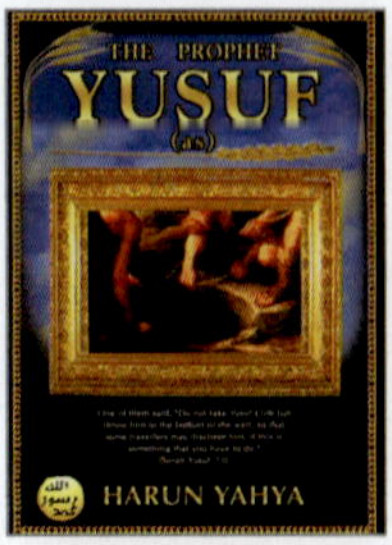

English,Turkish, French, Albanian, Azeri, German, Bosnian

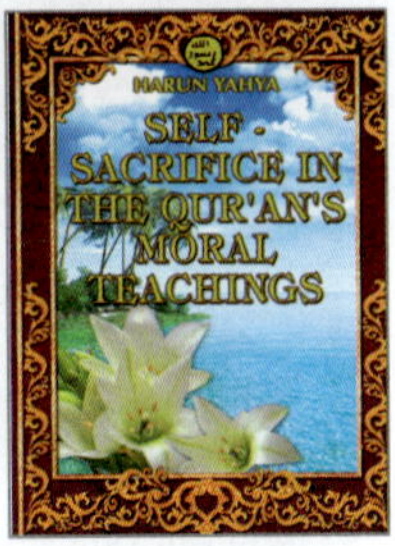

English,Turkish, Azerice

English, Turkish, Italian, Arabic, Bosnian, Azeri

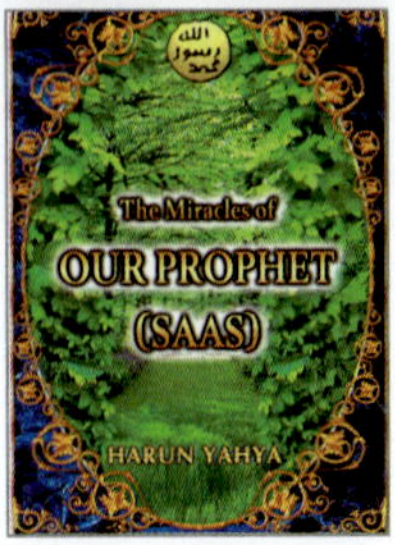

English, Turkish, Azeri, German, Bulgarian, Bengali

English, Turkish, French, Bulgarian

English, Turkish, Azeri, Indonesian

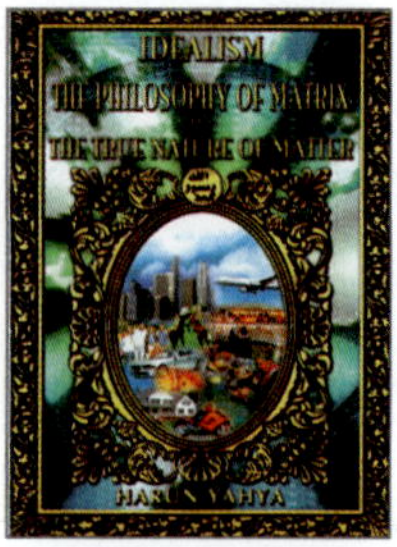

English, Turkish, Hungarian

English, Turkish, Pashto

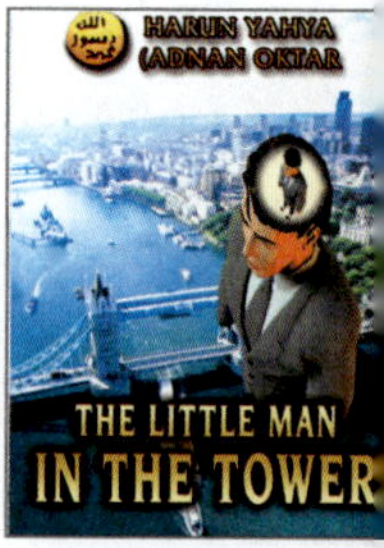

English,Turkish, Albar
German, Farsi

English, Turkish, French, German, Italian, Albanian, Dutch, Azeri, Pashto, Spanish, Russian, Bengali, Chinese, Arabic, Farsi, Indonesian, Urdu, Portuguese, Bulgarian

English, Turkish, Chinese, Arabic, Indonesian, Azeri

English, Turkish

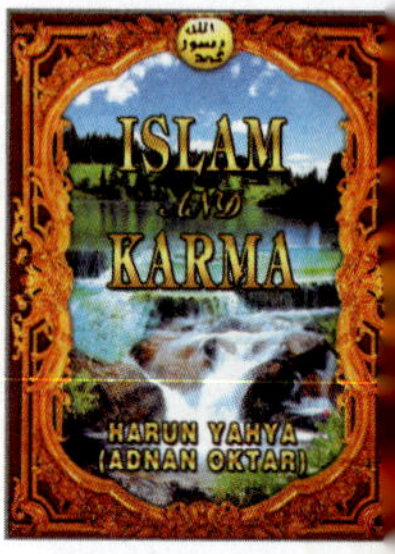

English, Turkish,
French, German, Urd

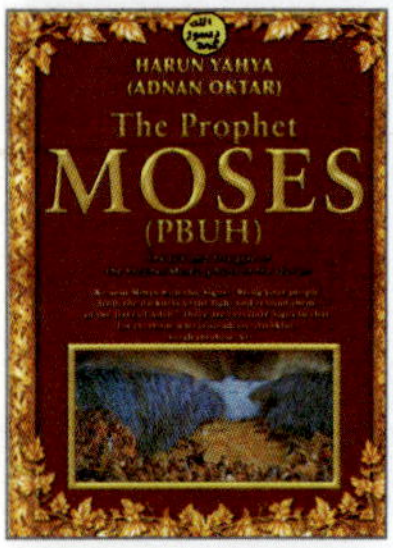

English, Turkish, French, Albanian, Azeri, German, Bosnian, Arabic

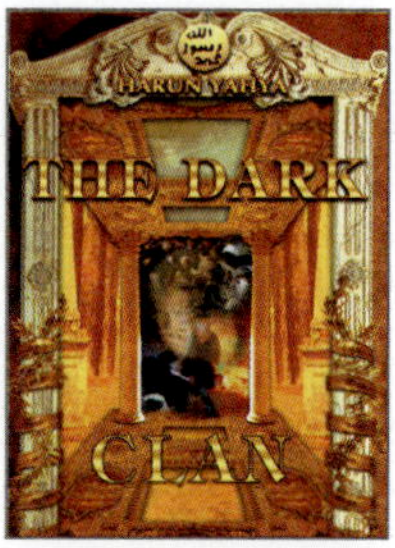

English, Turkish

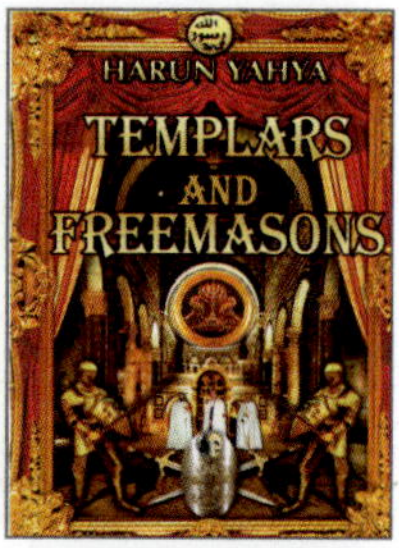

English, Turkish, Arabic

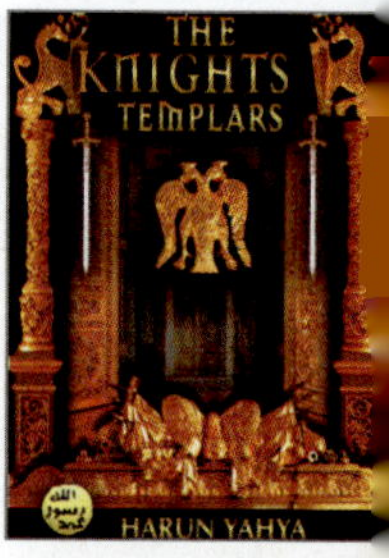

English, Turkish, Far

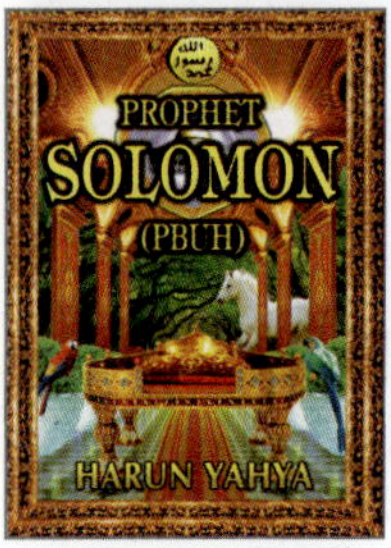

English, Turkish, Azeri, German, Bosnian

English, Turkish, German

English, Turkish, German

English, Turkish, Indonesian, Malayalan

English, Turkish, German

English, Turkish, Farsi

English, Turkish, German

English, Turkish, Kyrgyz

nglish, Turkish, French, erman, Kyrgyz, Arabic, Spanish

English, Turkish, French, German, Albanian, Arabic, Burmese, Indonesian, Farsi, Urdu

English, Turkish, French, German, Albanian, Arabic, Bengali

English, Turkish, French, German, Azeri, Urdu, Russian, Indonesian, Arabic

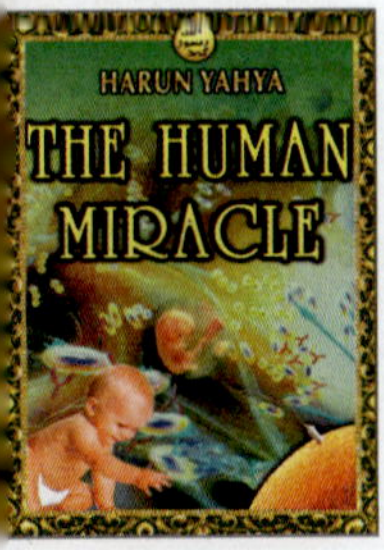

English, Turkish, Azeri

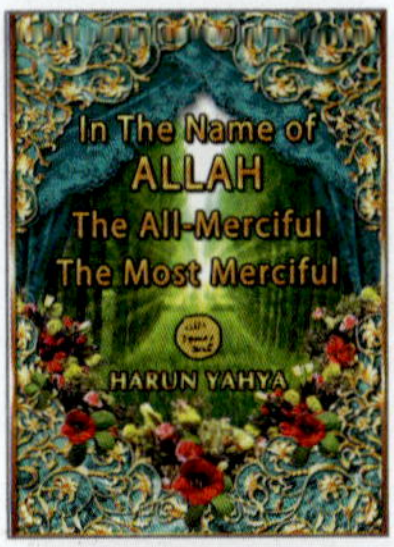

English, Turkish, French

English, Turkish, German

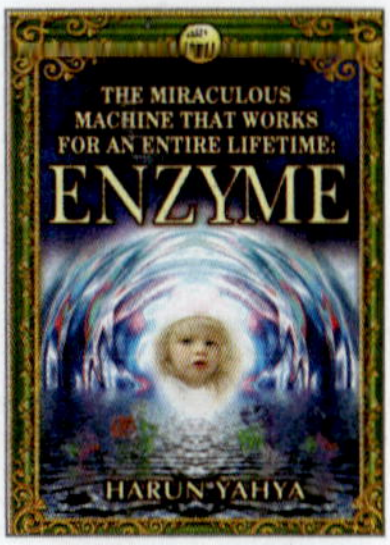

English, Turkish

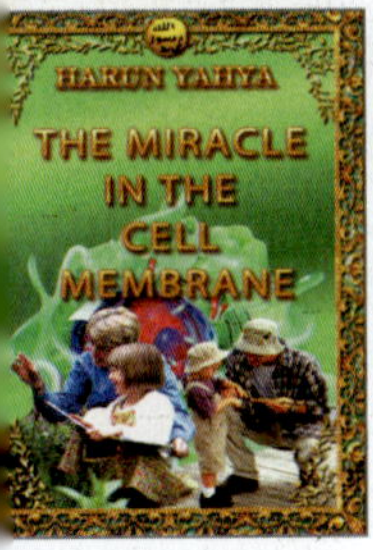

English, Turkish

English, Turkish

English, Turkish, Arabic

English, Turkish

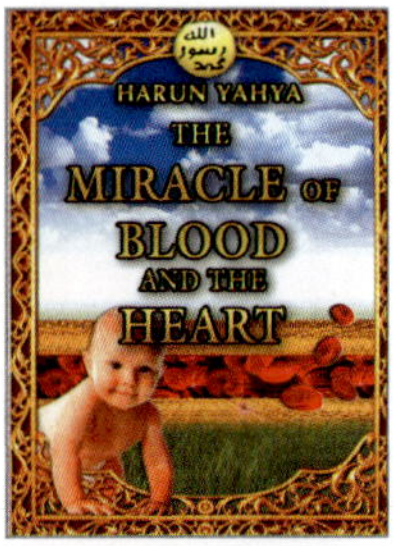

English, Turkish, German

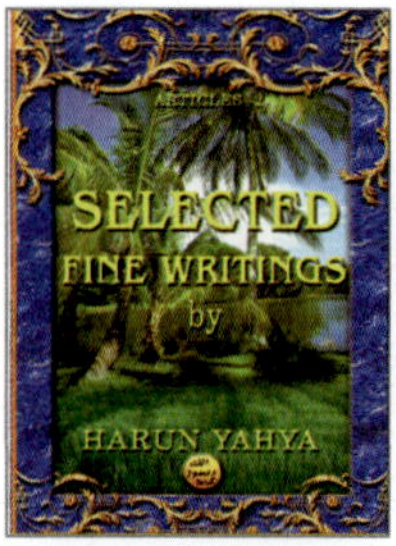

English, Turkish, Indonesian

English, Turkish, French, Arabic

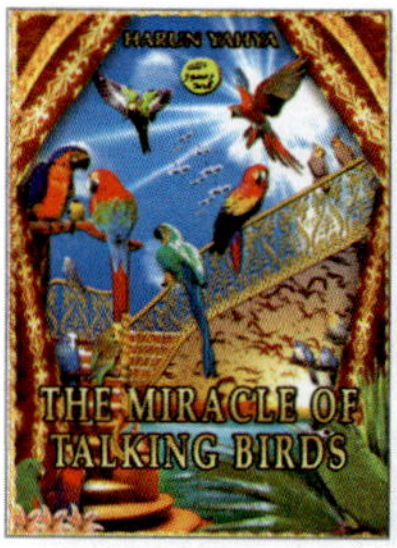

English, Turkish, German

English, Turkish, French, German, Italian, Danish, Urdu, Spanish, Russian, Serbian, Farsi, Indonesian

English, Turkish, French, German, Italian, Spanish, Russian, Indonesian, Arabic

English, Turkish, French, German, Azeri, Urdu, Albanian, Indonesian, Arabic

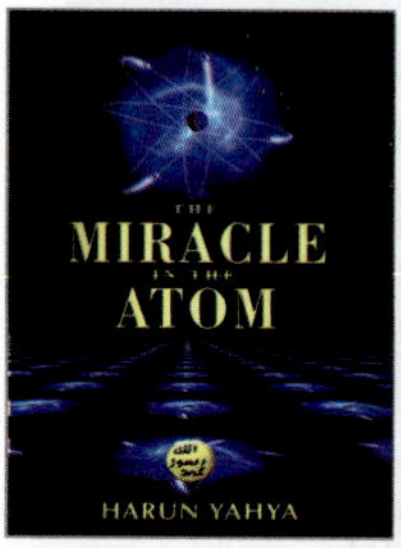

English, Turkish, French, Az
Kiswahili, Spanish, Arabic
Farsi, Indonesian, Serbian
Macedonian

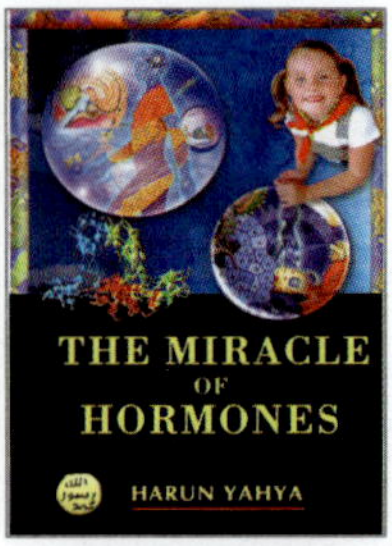

English, Turkish, Arabic, Indonesian

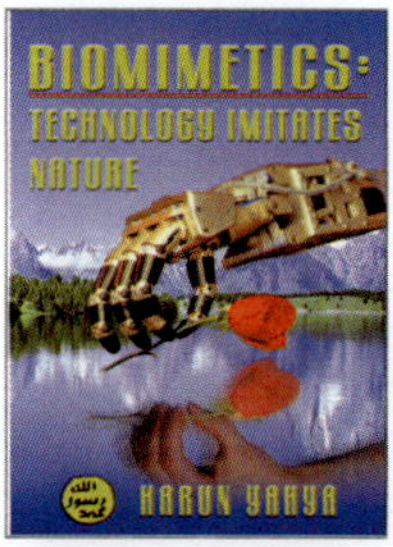

English, Turkish, French, German, Kyrgyz

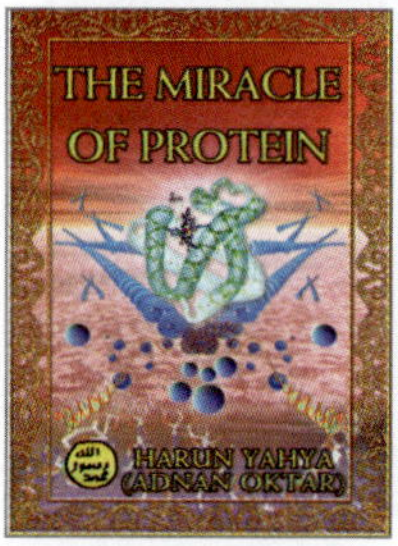

English, Turkish, Arabic

English, Turkish

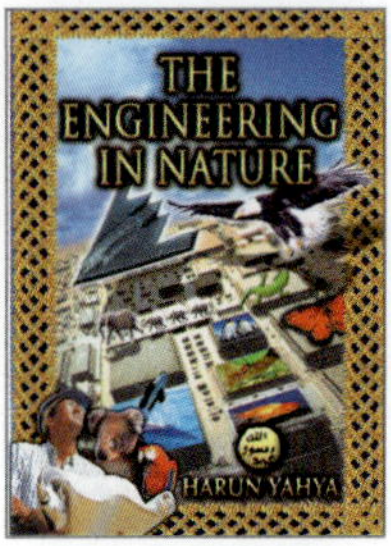

English, Turkish

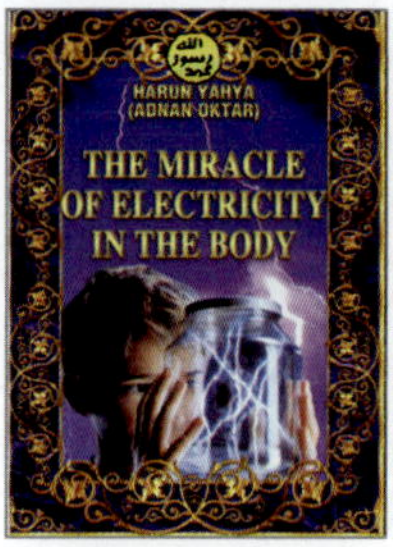

English, German, Almanca

English, Turkish, German

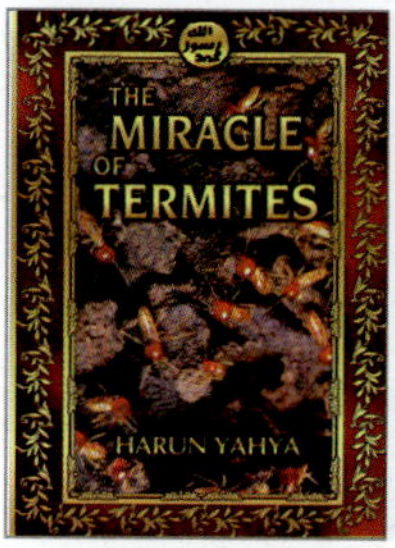

English, Turkish, German

English, Turkish, French, Arabic, German, Serbian

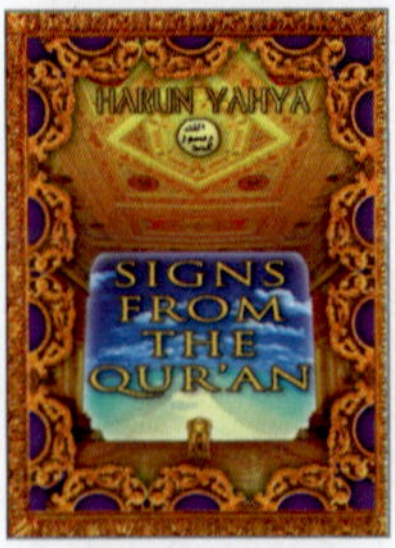

English, Turkish, Urdu

English, Turkish

English, Turkish, German, Arabic

English, Turkish, French, Urdu, Indonesian, Arabic

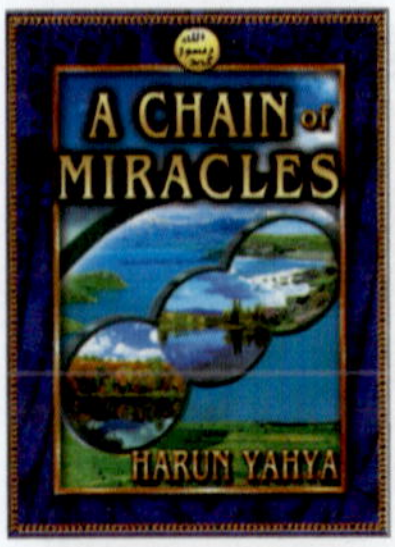

English, Turkish, Farsi, German, Hungarian, Indonesian, Arabic

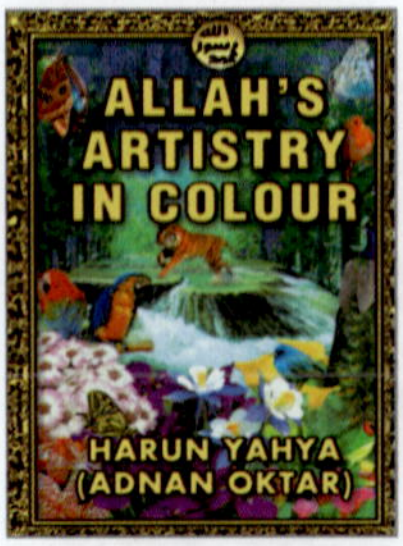

English, Turkish, German, Urdu, Albanian, Bosnian, Indonesian, Arabic

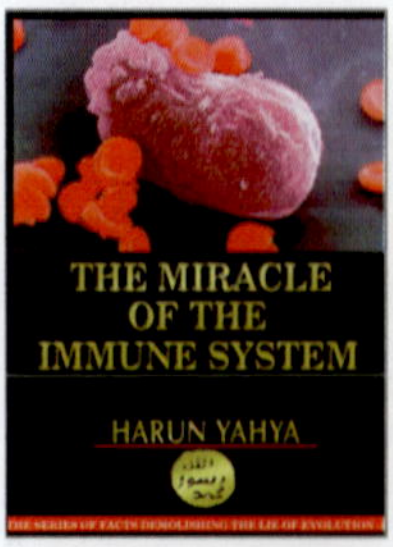

English, Turkish, French, Serbian, Albanian, Indonesian, Arabic

English, Turkish, German

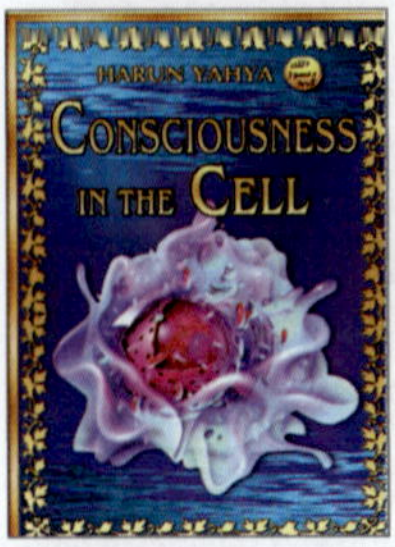

English, Turkish, Arabic

English, Turkish, French, German, Albanian, Azeri, Swedish, Burmese, Kiswahili, Indonesian

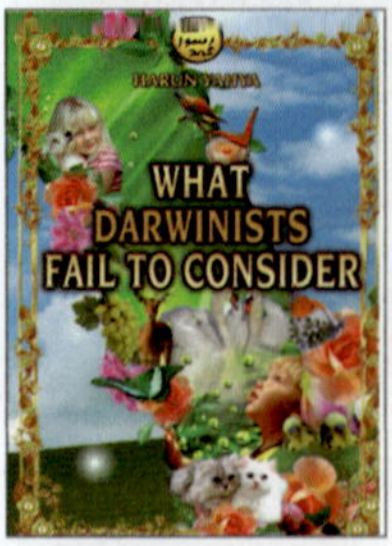

English, Turkish

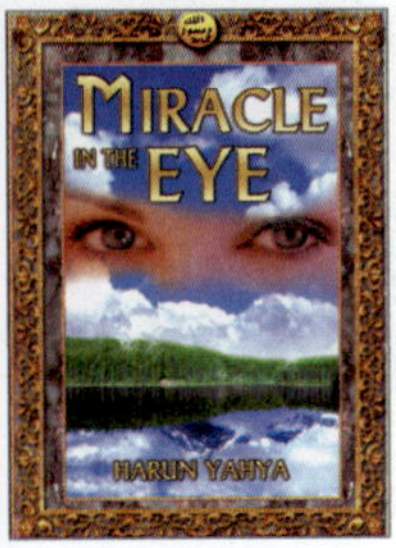

English, Turkish, German

English, Turkish, French, German, Albanian, Spanish, Polish, Malay, Arabic, Indonesian, Urdu, Arabic

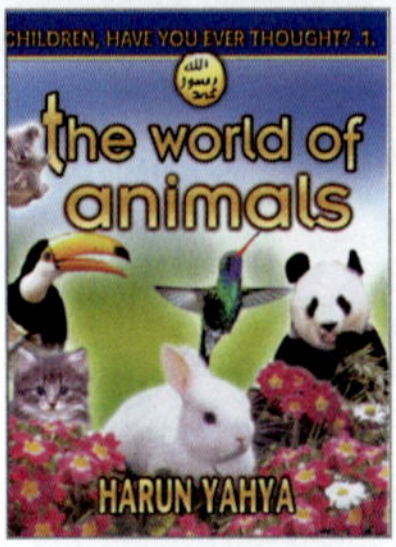

English, Turkish, French, German, Spanish, Polish, Farsi, Arabic, Indonesian, Bosnian, Arabic

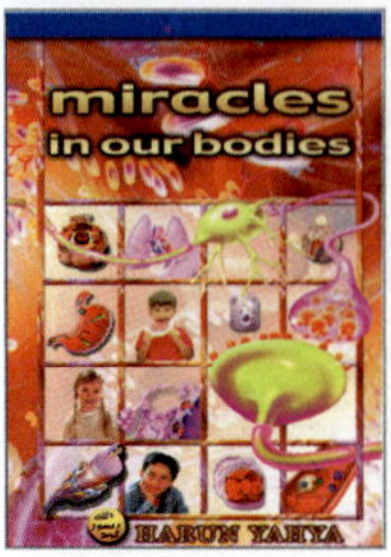

English, Turkish, French, German, Azeri, Albanian, Arabic, Indonesian, Bosnian, Arabic

English, Turkish, French, German, Spanish, Arabic, Indonesian, Serbian, Bosnian, Portuguese, Malay, Urdu

English, Turkish, French, Farsi, Arabic, Indonesian, Kiswahili, Bosnian, Russian, Malay

English, Turkish, French, German, Uzbek, Albanian, Dutch, Azeri, Amharic, Spanish, Bosnian, Arabic, Farsi, Indonesian

English, Turkish, German

English, Turkish, French, Norwegian, Albanian, Dutch, Azeri, Czech, Spanish, Arabic, Farsi, Indonesian, Russian

English, Turkish, French, Albanian, Arabic, Indonesian, Urdu, Azeri

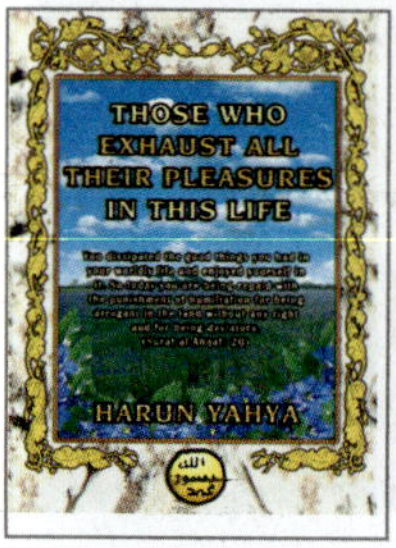

English, Spanish, Albanian, Turkish

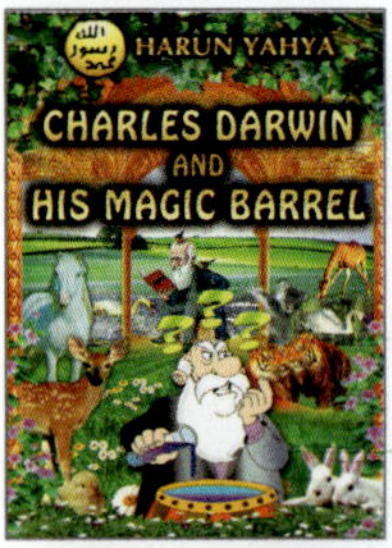

English, Turkish, German

English, Turkish, French, German, Dutch, Danish, Farsi, Russian, Arabic, Indonesian, Thai, Bosnian, Portuguese, Malay

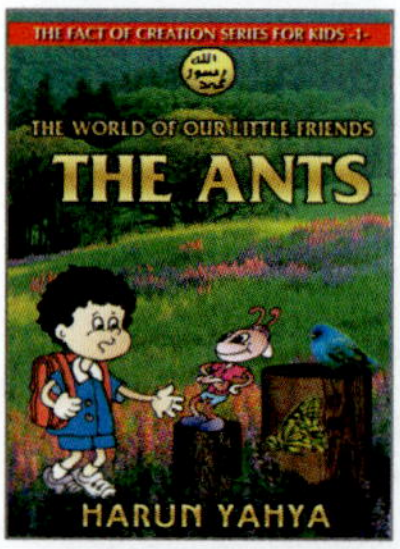

English, Turkish, French, German, Thai, Dutch, Albanian, Bengali,Spanish, Russian, Bosnian, Malay, Danish, Arabic, Farsi, Indonesian, Portuguese, Urdu,Chinese

English,Turkish, German, French

English, Turkish, German, Russian, Malayalam, Bosnian, Malay, Arabic, Indonesian, Farsi

English, Albanian, Turkish, Spanish, German, French, Hungarian, Azeri, Dutch

English, Albanian, Spanish, Turkish, Russian

English, Farsi, Turkish, Spanish, Albanian, Italian, French, German, Dutch, Arabic

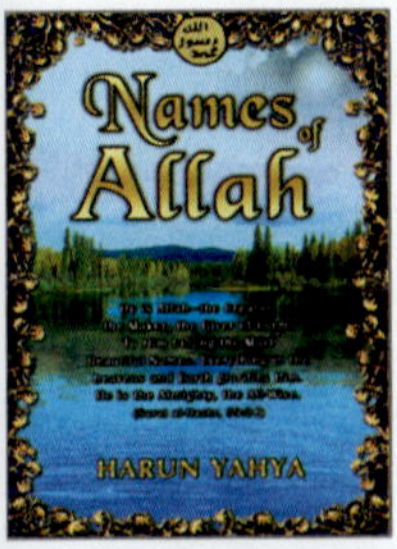

English, Turkish, French, Russian

English, Turkish, Arabic, Indonesian

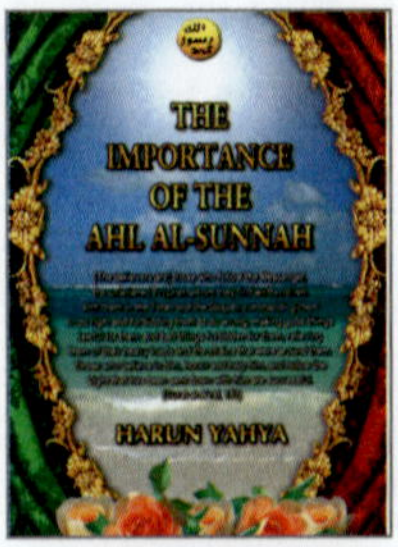

English, German, Turkish, Italian, Urdu

English, Russian, Turkish, Arabic

English, Turkish, Albanian, Maranao, Frrench, German, Russian

English, Turkish, Bengali, Czech, Indonesian, French

English, Turkish, French, Polish, Spanish, Urdu, Hungarian, Bulgarian

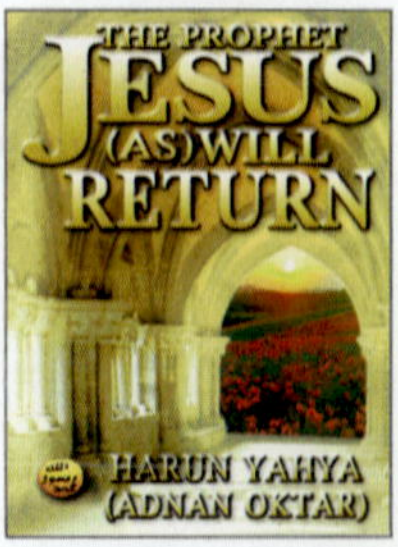

English, German, Portuguese, Bosnian, Arabic, Bulgarian, Indonesian, Turkish, French, Bengali, Russian, Italian, Albanian

English,Turkish, Arabic, German, Indonesian, Russian, French,

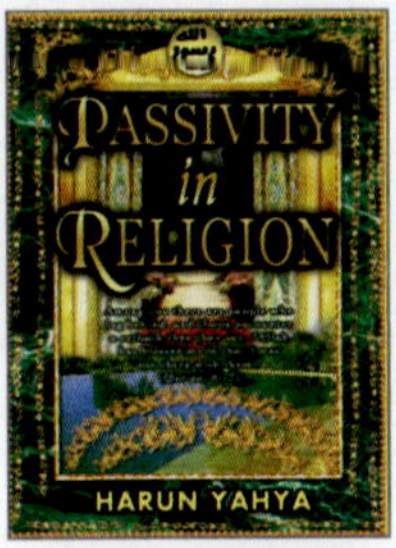

English, Turkish, German

English, Turkish, German

English, Hungarian, Turkish

English, Turkish, Almanca

English, German, Indonesian, Albanian, Turkish

English, French, Indonesian, Arabic, Italian, Turkish, German, Albanian

English, Albanian, Kyrgyz, French, Turkish, Burmese, Hungarian, German

HARUN YAHYA DOCUMENTARIES ON DVD & VCD

40 Pcs. DVDs Documentary Film Set

[DVDs]:

1- The Creation of the Universe
2- The Secret Beyond Matter
3- Miracles of the Qur'an
4-The Miracle of Man's Creation
5- Perished Nations -I
6-Allah's Artistry in Color
7-Islam Denounces Terrorism
8-The Qur'an Leads the Way to Science
9-The Signs of the Last Day
10-The Truth of the Life of This World
11-The Secret of the Test
12-The Bloody History of Communism I
13-The Bloody History of Communism II
14-The Fact of Creation
15-The Miracle in the Ant
16-The End Times and the Mahdi
17-Love and Cooperation in Living Things
18-The Miracle Planet - I
19-Splendour in the Seas
20-Perished Nations -II
21-Allah is Known Through Reason
22-Deep Thinking
23-For Men of Understanding –I
24-For Men of Understanding -II
25-For Men of Understanding -III
26-Miracles of the Brain : Smell and Taste
27-The Miracle in the Cell
28-Behind the Scenes of the World Wars
29-Answers from the Qur'an
30-The Collapse of the Theory of Evolution
31-The Collapse of Atheism
32-The Disasters Darwinism Brought to Humanity
33-Altruism in Nature
34-The Miracle of Seed
35-Biomimetics: Technology Imitates Nature
36-The Names of Allah
37-Satanism: Satan's Bloody Teaching
38-The Miracle of Respiration
39-Solution: The Values of the Qur'an
40-The Miracle Planet II

10 Pcs. DVDs

Multi Language DVD Set

1-The Signs of The Last Day
2-The Truth of the Life of This World
3-Allah Is Known Through Reason
4-Deep Thinking
5-Allah's Artistry In Color
6-The Fact of Creation
7-For Men of Understanding-I
8-For Men of Understanding-II
9-For Men of Understanding-III
10-Love and Cooperation in Living Things

20 Pcs. VCDs

For Men of Understanding Documentary Series VCDs

VCD1: The End Times and Mahdi
Technology in Nature
VCD2: The Miracle of Seed
Miracles of the Brain:Smell and Taste
VCD3: Perished Nations-I
Perished Nations-II
VCD4: The Truth of the Life of This World
Solution: The Values of the Qur'an
VCD5: Architects in Nature
Allah Is Known Through Reason
VCD6: Allah's Artistry in Color
Love and Cooperation in Living Things
VCD7: The Creation of the Universe
The Miracle Planet
VCD8: Behind the Scenes of the World Wars
The Miracle of Respiration
VCD9: Signs of the Last Day
The Miracle in the Ant
VCD10: The Miracle in the Cell
Deep Thinking

You can purchase the works of HARUN YAHYA from the **www.bookglobal.net** web site

e-mail: info@bookglobal.net

SOME WEB SITES WHERE YOU CAN ACCESS THE WORKS OF HARUN YAHYA

www.king-messiah.com
www.primepeace.com
www.adnanoktarsays.com
www.harunyahyasays.com
www.redemptionofjews.com
www.evolutioninternational.net
www.religionofdarwinism.com
www.darwinismthegreatestlieinhistory.com
www.creationofman.net
www.dnarefutesevolution.com
www.theprophetjesus.com
www.mahdinevershedsblood.com
www.muslimspersecuted.com
www.islamandkarma.com
www.eastturkestan.com
www.signsofthelastday.com
www.sheikhnazimalhaqqani.com
www.darwinistsneverrealize.com
www.adnanoktarinterviews.com
www.dailycomments.net
www.primepeace.com
www.skullsdemolishdarwinism.com
www.returningtofaith.com
www.thestoneage.org
www.dayofjudgment.com
www.truthsforkids.com
www.womaninthequran.com
www.islamandbuddhism.com
www.servingislam.com
www.palestiniantragedy.com
www.theislamicunion.com
www.darwinism-watch.com
www.scienceresearchfoundation.com
www.evolutiontale.com
www.evolutionisnotscientific.com
www.mythofhomology.com
www.darwinistsdilemma.com
www.realityofdeath.com
www.harunyahyaconferences.com
www.whydarwinwaswrong.com
www.darksideofdarwinism.com
www.romanticismaweaponofsatan.com
www.darwinistcorruptioninthearabworld.com
www.bird-fossils.com
www.commentsonatlasofcreation.com
www.realityofdeath.com
www.mahdiaccordingtofoursunnischools.com
www.wisdomfromtorah.com
www.miracleoflightandcolour.com
www.reptile-fossils.com
www.mahdiaccordingtoholyscriptures.com
www.hereafterexists.com
www.formanunderstanding.com
www.quranindex.net
www.humanisamiracle.com
www.miracleintheeye.com
www.miracleinthespider.com
www.miracleofthebloodandheart.com
www.miracleintheatom.com
www.darwinismssocialweapon.com
www.mahdiaccordingtofoursunnischools.com
www.fascismandcommunism.com
www.byvirtueofharunyahya.com
www.whydarwinwaswrong.com
www.for-children.com
www.Allahexists.com
www.freeislamicbooks.net
www.worldwarsunveiled.com
www.cambriananddarwin.com
www.bbcrefuted.com
www.harunyahyasays.com
www.riseofislam.com
www.falseworld.net
www.darwinisminruins.com
www.naturalselectionanddarwinism.com
www.mythofhomology.com
www.oldestmushroom.com
www.harunyahyaimpact.com
www.nationalacademyofsciencesrefuted.com
www.divxvar.com
www.darwinistsinmourning.com
www.darwinismisso19thcentury.com
www.grievingdarwinists.com
www.darwinistsdefeated.com
www.darwinistsinpain.com
www.ambersdenydarwin.com
www.whatdarwindidnotknow.com
www.darwinslostcause.com
www.insight-magazine.com
www.brothercountry-iran.com
www.adnanoktar.us
www.miracleofhormones.com
www.natureandbiomimetics.com
www.englishkuran.com
www.psychologicalwarfaremethods.com
www.nocompulsioninislam.com